やさか仙人物語

地域・人と協働して歩んだ「やさか共同農場」の40年

有限会社やさか共同農場 編

やさか共同農場の事務所・研修生宿泊施設（左）と佐藤代表の自宅

野坂集落が整備している十国トンネル付近

保護者が育てた杉・檜で造られた弥栄小学校

「ふるさと体験村」
のふるさと交流館と
ヤマメの釣り堀

櫓が特徴のどぶろくの
製造が行われる「里山」

左上：夢都里路（ゆとりろ）くらぶの援農（加工イチゴの草取り）
左：出来具合を見定めるダイコンの選別
左下：和やかに行う唐辛子（タカノツメ）の選別
下：味噌づくりの決め手の大豆の蒸し、潰し

上：農村塾生が丁寧に行う畑の耕起作業
左上：お母さん、見て～（稲刈り体験）
左：共同農場職員による手前味噌づくり講習会

雪に覆われた冬の弥栄

春が来た！　農作業のスタート

はじめに

静寂のなか、女性の司会者が「二〇一二年度、全国農業コンクールのグランプリは、『地域と協働して取り組む………』」と受賞者の発表をしはじめたと同時に、会場の一角を占めていた四〇名程度の集団から一斉に「オオー!!」という大声が上がり、万歳がはじまった。

その光景をステージ上から見ていたのが、農林水産大臣賞や優秀賞などを受賞した二〇名のうちの一人、「有限会社やさか共同農場」（以下、共同農場）の代表取締役佐藤隆（五八歳）である。彼は、歓声を上げている集団にいた一人の先輩、廣瀬康友氏を直視していた。共同農場と地域（集落）の絆づくりを助けてくれた人物である。その廣瀬の喜んでいる姿を、壇上から見ていたのだ。

実は、司会者の発表する声が充分に聞き取れなかった佐藤は、廣瀬の喜ぶ姿を見て、自分がグランプリを取ったことを理解したという。

「グランプリを受賞した瞬間、これまでの四〇年間にわたる出来事が走馬燈のように頭の中をめぐった」と、佐藤は言う。

高校を卒業してすぐの一八歳で、広島県尾道市から縁もゆかりもなく、まったく知人もいない島根県の弥栄村《やさか》（現在は浜田市弥栄町）に入村し、仲間とともに開墾からはじめた生活の各場面が、まるで8ミリフィルムのように頭の中に映し出されたのであろう。同じくこの会場にいた筆者は、佐藤の瞳に、「これまで他人にあまり見せたことはない」と彼が言っていた涙を確認した。二〇一二年七月二四日、午後のことである。

まずは、「やさか共同農場」がグランプリを受賞した「全国農業コンクール」について説明しておこう。

主催は毎日新聞社で、毎日新聞（大阪）創刊七〇周年の記念事業として一九五二年に発足したもので、二〇一二年

グランプリ受賞後、井上たつ子さんより絵画をもらう佐藤隆

は六一回目となり、農業の表彰事業のなかではもっとも歴史が古く、権威のあるコンクールである。これまでに、全国代表に選ばれた数は一二三三点にも上り（二〇一三年現在）、全国各地の個人農家や協業経営・協業組織などの成果が発表されている。毎日新聞のホームページによると、このコンクールの目的は以下のようになっている。

「全国の農業者は、それぞれの地域の特性を活かし、さまざまな創意工夫をしています。そして、高い収益と快適な生活を実現。経営の安定化に取り組んでいます。農業経営に必要な土地・労働・資材などの調達をはじめ農畜産物の生産と加工、販売、サービスの提供。また、共同組織づくりや地域づくり、地域住民と都市生活者との交流や連携のネットワークづくりなどにも工夫を凝らしています。こうした中で、高い評価を得た農家や団体、グループを全国か

グランプリ・毎日農業大賞　やさか共同農場（島根県浜田市）

Iターン40年「みそ」で転機

グランプリの毎日農業大賞に輝いた「やさか共同農場」（島根県浜田市）の佐藤隆代表（58）は、受賞の1週間後、妻富子さんとともに浜田市役所を報告に訪れた＝写真。「地域の人たちに支えられた賞でした」と振り返る佐藤さんを、宇津徹男市長は「40年間、ご苦労が多かったでしょう」とねぎらった。

広島県内の高校を卒業した佐藤さんは、仲間の3人と72年、弥栄村（現浜田市弥栄町）三里に。田畑を借りるなどし「弥栄之郷共同体」と名乗った。米や野菜を作ったが、雪に埋まる冬は出稼ぎに行くしかなく、「何をしに来たのか」と悩んだ。「ここは水がいい。みそを造ったら」と勧められたことが転機になった。自宅でみそを造るお年寄りに教えを請い、77年、本格的に始めた。

原材料は農場で育てるか、産地が確かな国産を調達する。味と品質が評判を呼び、みそが農場を引っ張った。Iターン10年の82年、みそ製造は年間43トンに達するようになった。農薬や化学肥料に頼らない生産に努め、有機栽培のホウレンソウなどをみそが切り開いた販路に乗せた。「生活と生産の場を一つにできるのが農業の強み」が持論だ。

農コンの発表会では、第1次産業の農業、2次の加工、3次の販売を足した「6次産業化」による経営の確立を訴えた。

加工や販売にも携わり、取引先は飛躍的に増えた。手作りみそが弥栄ファンを開拓し、ファンは農業体験などにやってきた。今、人口約1500人、高齢化率43％の地域ににぎわいをもたらす。

市長への報告会で、佐藤さんは地域を守ることの大切さを強調した。83年に島根県西部で豪雨災害が発生し、村人と一緒に復旧作業にあたって、地域との絆を深めたエピソードも披露した。

「販路を開く過程で人との出会いが広がる。楽しいと思わないと」。世代交代を唱える佐藤さんだが、弥栄を拠点に走り回る日々は当分続きそうだ。

【大西康裕、写真も】

大地と地域を守る

〈毎日新聞〉2012年 8 月28日付

ら選奨。その農業技術、経営管理の実績を発表。広く紹介普及して、わが国農業の発展と農村地域の活性化に役立てたいというのが、この全国農業コンクールの目的です」

審査は、都道府県審査を経て、中央審査委員会で全国代表が毎年二〇点選ばれ、その代表が全国大会で発表し、「名誉賞（一〇点）[1]」と「優秀賞（一〇点）」が選ばれ、そのなかから「グランプリ・毎日農業大賞」が一点選出されている。

二〇一二年は、島根県出雲市にある市民会館で約一〇〇〇名の参加を得て開催された。全国から四〇点が出品され、予選を通過した水稲やお茶、豚などの経営者（団体）二〇点が、その取り組みや創意工夫した内容などを中心に発表を行った。

それぞれ熱のこもった発表であったが、やはり身びいきだろうか、佐藤の発表に一番感銘を受けた。それもそのはずである。佐藤はこの全国大会の日まで、一〇回以上にわたる発表の予行演習を繰り返していたのである。大きな紙に全体の流れを書き、発表する項目ごとに必要とされる時間を記入し、何度もリハーサルを行って万全を期していたのである。

標高五〇〇メートルを超える山の中、周りに住んでいる人がいないという環境のなかで発表の練習をしている佐藤の姿を想像することはできないが、本人はさぞかし真剣に取り組んでいたことであろう。

さて本書『やさか仙人物語』は、この佐藤が経営する「やさか共同農場」を主人公として、多分あまり知られていないであろう地、島根県浜田市弥栄《やさか》町で行われている農業活動や、それに基づく生活の風景を紹介するものである。

二〇一三年四月現在、三八人（役員・パートも含む）もの従業員を抱える「やさか共同農場」の発展が、地域の農業発展に貢献したのみでなく、人づくりやモノづくり、そして移住の促進など地域の活性化に大きな影響を与えたという事実や、それを支えてくれた弥栄町の農業者や消費者、流通業者との関係などを臨場感豊かに紹介していきたい。

また、農業を職業として選択した多くの若者が、やさか共同農場での研修や体験を通じて将来への希望をもち、自営就農や雇用就農している現状を紹介することで、農業経営体の発展や地域の活性化においては、農業者、消費者、地域の住民、そして行政や関係機関がそれぞれ協調・連携し、助け合う関係が必要であるということを明らかにしていきたい。

この物語の舞台である島根県浜田市弥栄町（旧那賀郡弥栄村）は、標高一五〇メートルから五五〇メートルの中山間地域に位置している。二〇一三年四月一日現在、この地に一四六三人が暮

（1）名誉賞を授賞した一〇点は、農林水産省と日本農林漁業振興会が毎年一一月に東京で開催される「農林水産祭」に推薦される。天皇杯（一九六二年新設）、内閣総理大臣賞（一九七七年新設）、「農林漁業振興会会長賞」（一九六二年新設）の受賞対象者（団体）として審査される。

らしている。浜田市街地から急勾配の坂道を三〇分ほどかけて上り詰めた、信号もコンビニもない農村集落である。しかし、弥栄町の入り口にある十国トンネルを抜けるとなだらかな地形となり、目の前に広がる農地は豊かな里山を感じさせてくれる。

佐藤が代表を務める「やさか共同農場」は、弥栄町の中心部（安城）からさらに六キロメートルほど登った先の、弥畝山《やうねやま》の麓、弥栄町《やさかちょう》三里《みさと》（標高五五〇メートル）にある。弥畝山は、その昔、修験者の「修行の山（霊峰）」とも言われていた。また、弥栄町長安《ながやす》にある長安八幡宮の大杉には仙人が宿るという伝承もあることから、この辺りは、どうやら霊験新たかなエリアと言えそうだ。

十国トンネルの出口から弥畝山を望む（写真提供：弥栄支所産業課）

現在でこそ、三里までは片側一車線の道路が新設され、浜田市弥栄支所から約七分で行くことができるが、佐藤が入植した四〇年前は、道路幅が三メートル程度しかなく、距離は七キロメートルだが、二〇分以上もかかる大変不便な所であった。現在、道路をはじめとしたインフラが整ったとはいえ、先にも述べたように、このエリアに居住しているのは佐藤夫婦のみである。まさに、弥畝山に住む「平成の仙人」である。

これからはじまるこの仙人の物語、長引く不況のまっただ中で働いている都会の人たちにはどのように映るのであろうか。大学を卒業しても就職先がない、仮に決まったとしても数年で辞める人が多いという話も聞く。仕事は都会にだけあるのではない、ということも本書では訴えていきたい。

また、すでに「やさか共同農場」の産品や弥栄町でつくられている米や野菜を買い求めていただいている消費者のみなさまには、これまで部分的にしか伝えられなかった「農業へのこだわり」を、本書を通して紹介していきたいと思っている。

二〇一二年七月二四日、出雲市の市民会館で弥栄町の人々が三唱した「万歳」を、農業という産業全体で唱和できればと、筆者をはじめとして本書の執筆に携わったすべての人が望んでいる。

もくじ

第2章　やさか共同農場の40年——時代の変化にあわせて経営を発展させる　49

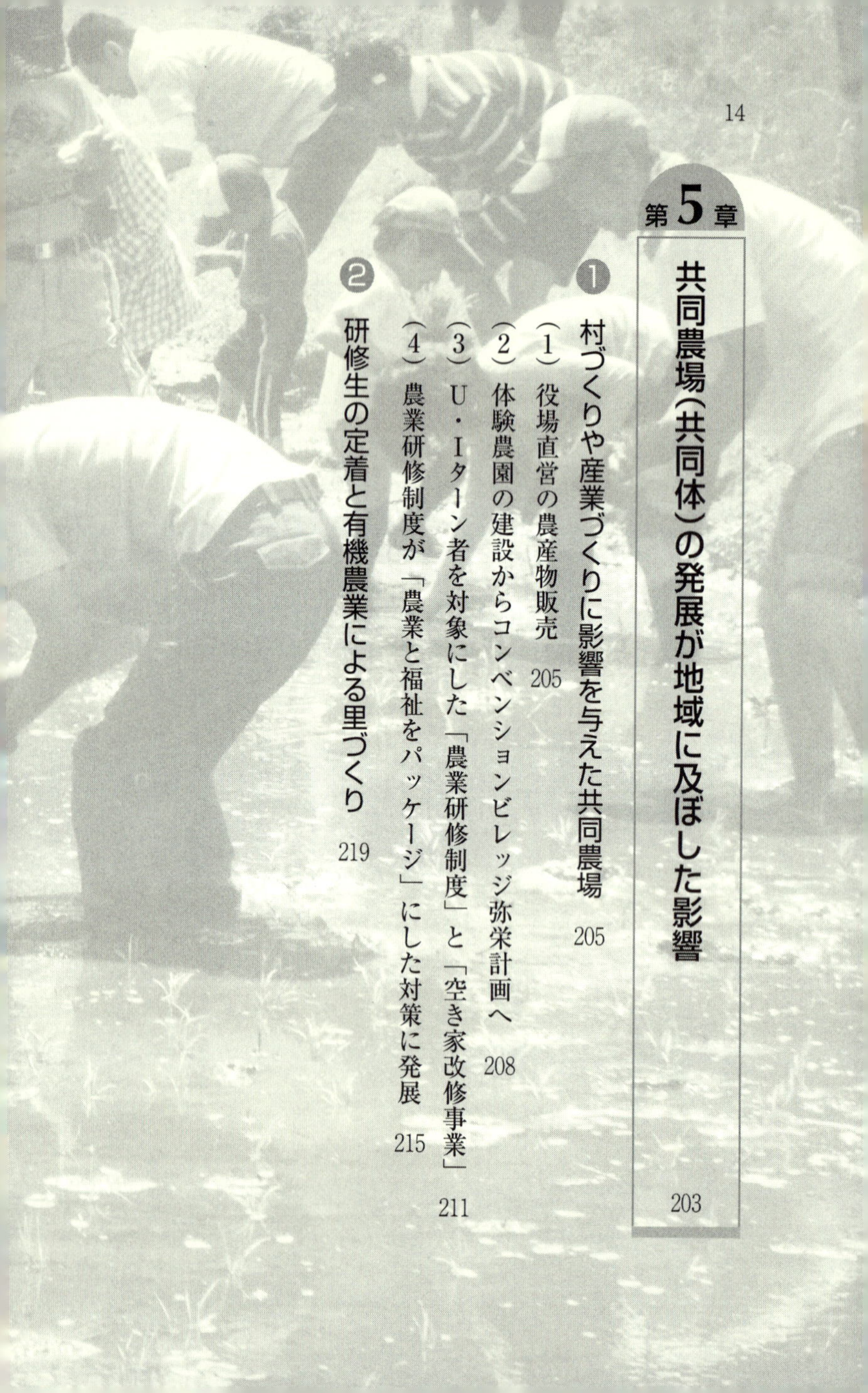

第6章

やさか仙人物語——地域・人と協働して歩んだ「やさか共同農場」の40年

第1章

やさか共同農場のある所

現在の味噌製造所や宿舎が建つ前の共同体の全景（1987年）

1 島根県って、どんな所？

「やさか共同農場」は、島根県浜田市弥栄町に位置している。と言っても分かる人は少ないだろうから、まずは島根県の紹介を簡単にしておかなければならない。というのも、鳥取県と東西逆の位置関係にあると思っている人が結構いるからだ。

島根県は、東に鳥取県、西に山口県、南は広島県に接し、北は日本海に面している。ちなみに、韓国の李明博元大統領のパフォーマンスでにわかに領土問題がクローズアップされた「竹島」も島根県に所在している。

島根県の代表的な観光地と言えば「出雲大社」となる。二〇一二年秋、東京・上野の国立博物館で「出雲大社大遷宮　特別展」（国立博物館一四〇周年記念・『古事記』編纂一三〇〇年記念）が行われたので、足を運ばれた方も多いかもしれない。しかし、この出雲大社も、残念ながら「鳥取県にある」と答える人が少なからずいるというのが現実である。

そんな島根県の風土や産業などを紹介させていただくにおいて最高のものがある。それは、左記に掲げた県民歌である。

1　薄紫の山脈《やまなみ》は
はるか希望の　雲を呼び
磯風清き　六十里
緑の海に春たてば
おきの島山　夢のごと
あゝうるわしの　わが島根

2　山に幸あり　山を踏め
海に幸あり　波に乗れ
働くところ　日本の
玉なす汗を　陽にあびて
行手かがやく　光あり
あゝゆたかなる　わが島根

3　香りゆかしき　伝説の
み国譲りの往古《むかし》より
こころ一つに　むつびあう
九十万の　県民の
平和の歌は　今ぞ湧く
あゝやすらけき　わが島根

（作詞：米山　治　作曲：古関裕而）

この歌は、一九五一（昭和二六）年、日本が被占領国から国際社会に再デビューを果たすことを定めたサンフランシスコ講和条約の締結を記念して、島根県が公募をし、作曲を古関裕而氏[1]に依頼してできたものである。詩の内容は、国際社会に再デビューを果たし、これからの日本や島根県の経済において明るい未来を期待しながら、豊かな自然と歴史に満ちた土地を守るという勤勉な県民性を表していると言えるだろう。

（1）（一九〇九～一九八九）福島県福島市生まれ。作曲家、一九六九年紫綬褒章受章、一九七九年勲三等瑞宝章。主な曲として『長崎の鐘』や『阪神タイガースの歌』などがあり、現在も国民に親しまれている。

歌詞にある「薄紫の山脈」や「みどりの海」が示しているように、島根県は山からすぐに海に出るという地形にあり、森林面積の割合は七九パーセントで中山間地域がそのほとんどを占めている所である。また、「山に幸あり」というように、昭和三〇年代までは山で「炭焼き」が行われ、関西を中心に木炭が移出されるなど重要な産業となっていた。明治以前は、この山を生かした「たたら製鉄」(2)が盛んに行われ、全国屈指の製鉄業の盛んな工業立県でもあった。

しかし、科学技術の進歩などが理由で木炭や製鉄産業は衰退し、現在、島根県では、「Ruby《ルビー》」というプログラミ

島根県市町村図

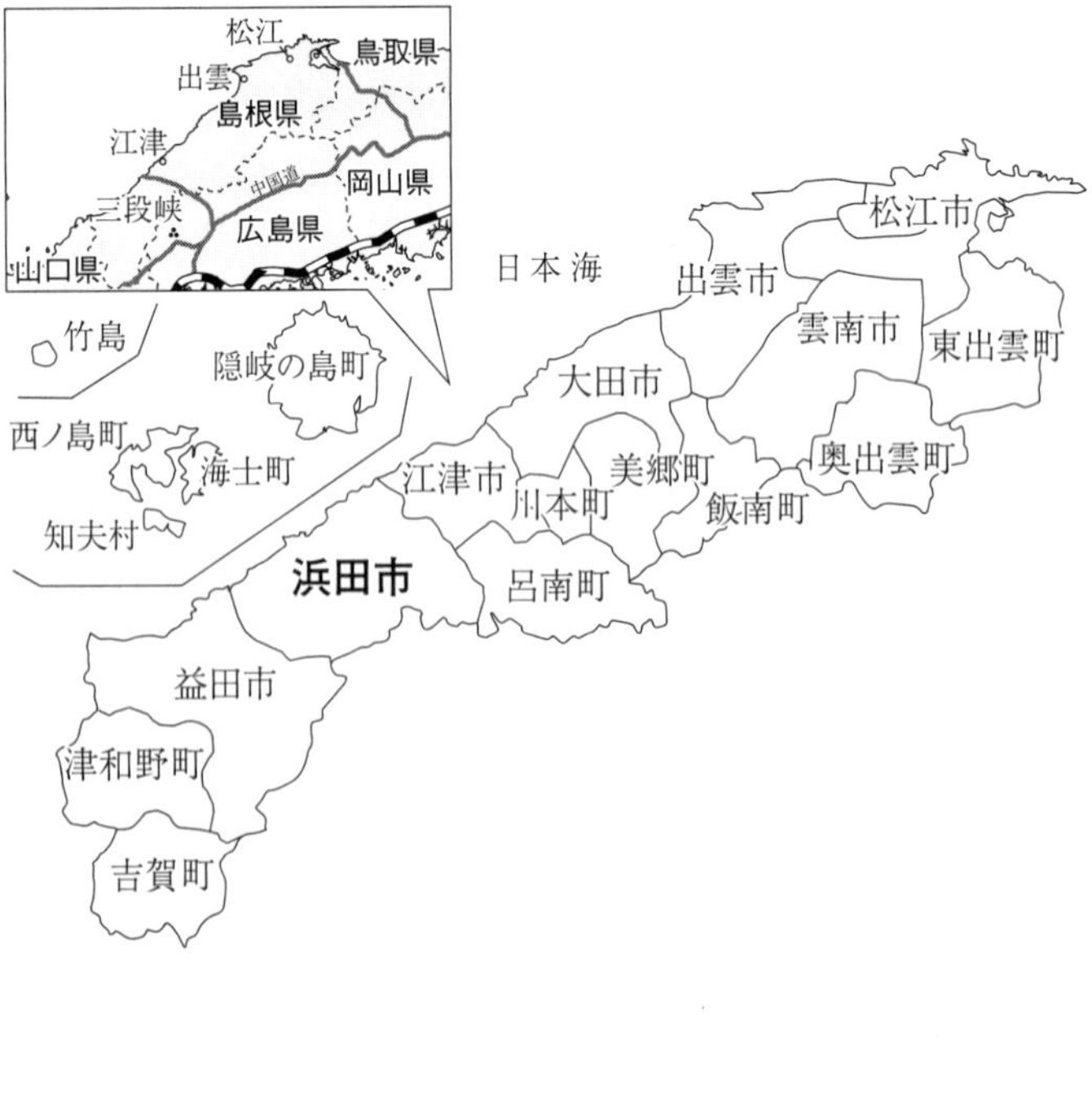

ング言語の世界的な普及を目指すなど「新産業の創設」に力を注いでいる。「Ruby」について、松江市のホームページでは次のように説明されている。

「島根県松江市在住のまつもとゆきひろさんが考えたプログラミング言語で、言い換えると方言（松江弁）を話して（書いて）コンピュータを動かすことができる。コンピュータの世界は国境がないことから松江弁『Ruby』は、日本人だけでなく世界の人達が自由に話せる（使える）言語になっていると言うものだ」

現在、「海外企業が実施するプログラミング言語の人気ランキングで数ヶ月間連続一〇位を維持している」と〈山陰中央新報〉（一一月八日付）が報道しているように、島根県にもこんな優れものが生まれはじめている。

海のほうに目を向けてみよう。歌詞に「海に幸あり」とあるように、島根沖の隠岐周辺は大陸棚が広がり、寒流である親潮と暖流である黒潮（対馬海流）がぶつかるなどの好漁場に恵まれている。当然、漁業も盛んで、「浜田漁港」と「境港」は山陰屈指の漁港となっている。とくに浜田漁港近辺は、ワカナやヒラマサなどが海岸近くまで押し寄せるため、広島県などから釣りの愛

（２）たたら製鉄とは、鉄原料として砂鉄を用い、木炭の燃焼熱によって砂鉄を還元し、鉄を得る方法（日立金属ホームページ参照）。

好者が多くやって来るほどである。

さて、県民歌に「平野」や「農地」という言葉が出てこないことに気付かれただろうか。今述べたような地形で構成されている島根県は、東部にわずかな出雲平野があるのみである。「農業県」とも言われる島根県だが、農業産出額は六〇〇億円程度で、全国レベルで見ても決して多くはない。

その少ない農地で水稲中心の農業が行われているわけだが、現在、単位面積当たりの収益性が高い野菜など、園芸や畜産の振興に農業者や農協とともに県や市町村が一つになって取り組んでいる。また最近では、養鶏や養豚、酪農、肉牛肥育などの畜産を中心に、他県に負けないような大規模な経営体が育っているほか、零細な規模から生産効率の高い法人経営体にシフトするなど農業構造の変化も見られるようになっている。

「磯風清き　六十里」と歌詞にあるように、県の東西の距離は約二四〇キロメートルとなる。その東西を、「出雲地方」（東）と「石見地方」（西）に分けているが、残念ながら「石見」を正しく読んでいただけることが少なく、しかも「どこにあるのか分からない」という人が多い。一九九三年、益田市に開港した「石見空港」が、県外の人に「分かりづらい」ということで観光地として知名度の高い「萩」の冠をいただいて「萩・石見空港」と名称変更したほどである。ちなみに、萩市は山口県であって島根県ではないが……。

二〇〇七年、石見地方に位置する大田市大森町にある「石見銀山」(3)が世界遺産に登録されたことにより、ようやく「石見」が「いしみ」ではなく「いわみ」と正しく読んでいただけるようになった。そして、登録後しばらくは、多くの観光客で賑わった。

さて、この両地方、東西において県民性が大きく異なっている。かつて江戸時代、島根県は東の松江藩と天領で松江藩預かりの隠岐、そして西の石見銀山料（天領）と浜田藩、津和野藩に分かれていた。西に位置する浜田藩や津和野藩の城主が参勤交代で江戸に向かう際、山陰道を上らず中国山地を越えて山陽側に出ていたことが理由で、出雲地方との文化・経済的な交流は決して多くはなかった。

交流の少なさを表している一例として方言が挙げられる。出雲地方は、松本清張の『砂の器』でも紹介されたように東北弁に類似し、石見地方は広島弁に似ていると言われている。また、出雲の人は保守的で、石見の人は革新的とも言われている。この違いを農業経営体で見てみると、現在、出雲地方には個別農家が多く、石見地方は法人経営体が多くなっている。

（3）戦国時代後期から江戸時代初期にかけて最盛期を迎えた日本最大の銀山。現在は閉山。連絡先：太田市観光協会　TEL：0854－89－9090

出雲と石見の違いを、土の中の埋蔵物から考察しても面白い。一九八三（昭和五八）年、出雲市斐川町地内で行っていた広域農道の建設工事現場で古墳時代の須恵器が発見され、その後、銅剣三五八本、銅鐸六個、銅矛一六本が相次いで発見された。とくに銅剣の出土数に関して言えば、その時点の全国の出土数が約三〇〇本であったことから、一か所でこれほどの本数が出土したことで当時の古代史学・考古学界を大きく揺るがすことになった（出雲観光協会公式ホームページ参照）。

一方、石見では、世界遺産になった大田市の石見銀山以外にも「ゼオライト」[4]が産出しているほか、大田市から浜田市にかけては、特産品となっている石州瓦の原料になる粘土が広く分布している。また、益田市や津和野町では銅採掘も行われていた（現在は閉山）。

言い換えれば、出雲の地面には文化が埋もれ、石見の地面には資源が埋もれているということである。現在、経済的にはやや遅れが見られる石見地方だが、いずれ土の中に埋もれる資源を生かした産業が興るにちがいない。

産業振興や文化施設の面でも「石見と出雲の格差是正」を指摘する人が多くいたが、一九九三（平成五）年、浜田市に県立国際短期大学（現県立大学）が開学するとともに、一九九八年には島根県庁に「石見地域振興顧問」および「担当参事」（現在は次長）を配置し、市町村の立場から石見地方を総合的に支援するなど行政面での格差是正にも努めている。そして、二〇〇〇年には浜田市と江津市に接し、石見海浜公園に面する場所に水族館「アクアス」が設置されたほか、二〇〇五年に益田市に石州瓦で外壁を覆い尽くした「グラントワ」（美術館＋文化ホール）が開館するなど文化面での格差是正が進んでいる。

さて以下では、石見地方に位置し、本書のメインテーマとなっている「やさか共同農場」がある浜田市を紹介していこう。まずは、市街地からである。

2　浜田市を知っていますか？

先に紹介した県民歌の歌詞のなかに「九〇万の県民」とあるが、現在の県民数は七〇万人を割りそうな状況となっている。減少内訳を見ると、石見地方の減少が一六万人となっており、そのほとんどが石見地方で占めていることからして、産業振興や定住促進が急がれているというのが

（4）アルミケイ酸塩のなかで結晶構造中に比較的大きな空隙をもつものの総称であり、分子ふるい、イオン交換材料、触媒、吸着材料として利用されている。

現状である。

石見地方の中心に位置する主要都市が浜田市であるが、人口は六万人あまりでしかない。二〇〇五（平成一七）年、俗にいう「平成の大合併」のときに、旧浜田市と那賀郡の金城町、旭町、三隅町、弥栄村の一市三町一村が合併して誕生したのが現在の浜田市である。

海に面する市街地から標高五〇〇メートルにある弥栄町までの気象面における特徴を、ひと言で言い表すことは難しい。一二月ごろになると弥栄町では初雪が降り、その後も降雪が多く、気温も氷点下となる日が続くが、暖流である黒潮（対馬海流）の影響を受ける市街地は比較的温暖で、真冬でも雪が積もるのは稀である。

読者のなかには、昔、ラジオの気象情報を聞きながら天気図を作成された人もいるだろうが、そのなかに「浜田」があったことを思い出してほしい。これは、

浜田市の町名図

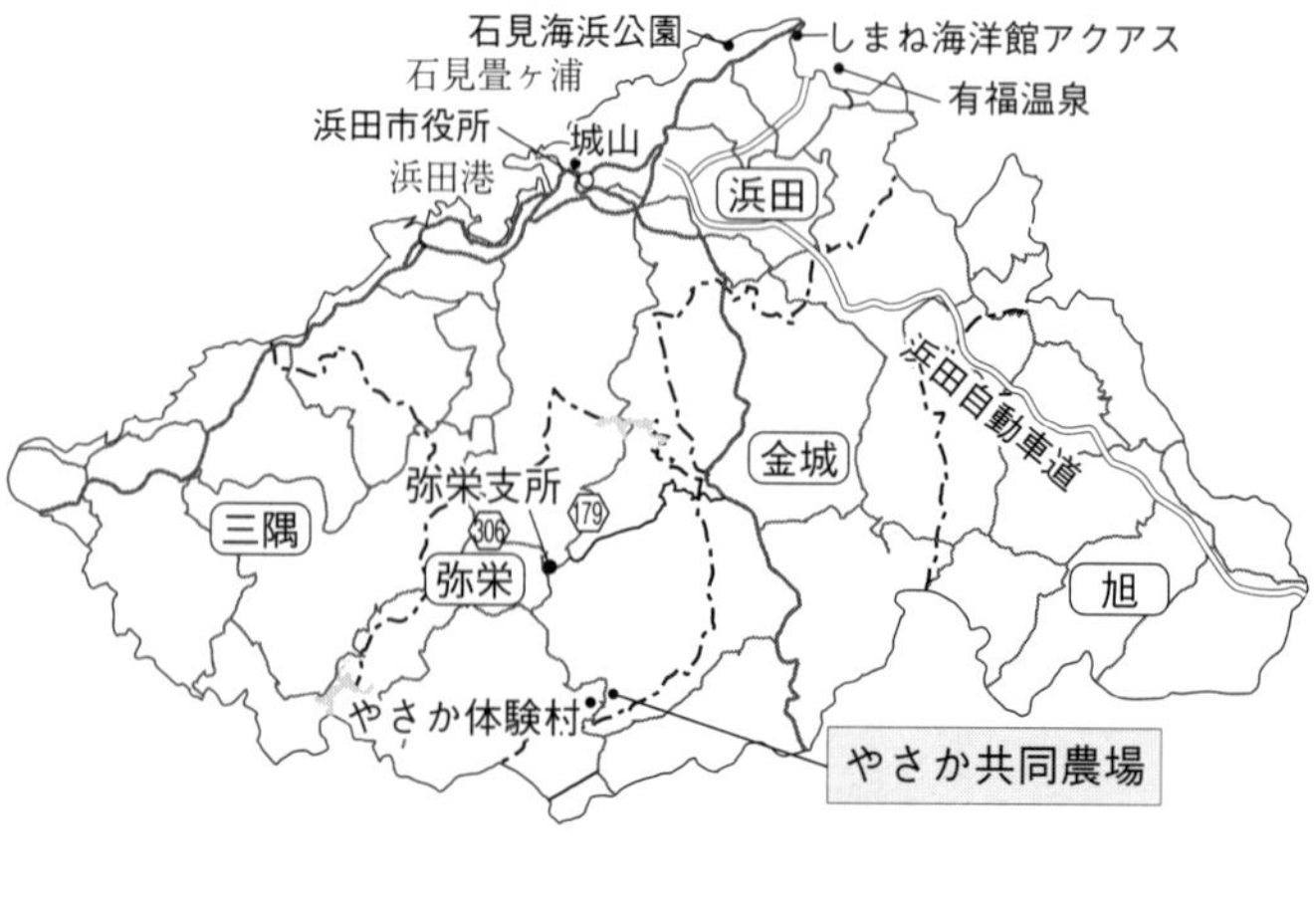

浜田市に気象庁の測候所があったことによるわけだが、それではなぜ浜田市に測候所があったのであろうか。言うまでもなく、先に紹介した「浜田漁港」の存在である。かつて、一九六〇年ごろの最盛期には、沖合底曳網とまき網の船団を合わせて五〇か統《とう》を数え、漁港近くの飲食街は水揚げ後の漁師や仲買人で賑わい、夜のネオンもまぶしいぐらいだったという。水揚げされたサバやイワシはこの地の工場で缶詰にされ、その缶詰は東南アジアにまで輸出するなど活気を呈していた。

そんな浜田市を代表する観光施設と言えば、前述した水族館の「アクアス」である。「アクアス」と言ってもピンとこない人も多いと思うが、ソフトバンクのコマーシャルの「イルカのバブルリング」のシーンを思い出していただければ、ほとんどの人が「なるほど！」と納得するのではないだろうか。現在はイルカにペンギンも加わり、ペンギンパレード（冬季限定）が人気を博している。

水族館の向かいは遠浅の砂浜で、しかも水質が良好な海水浴場「石見海浜公園」がある。夏になると、広島県を中心とした山陽側からも海水浴客が殺到するスポットとなっている。また、公園内にあるオートキャンプ場も、その整備水準の高さから愛好家が太鼓判

幸せのバブルリング
（写真提供：島根県立しまね海洋館）

を捺す大評判な所となっている。

海浜公園から西へ数キロ行くと、国指定の天然記念物となっている「石見畳ヶ浦」もある。市のホームページには次のように紹介されているが、実際に見に行かれると、思わず「スゴイ！」と声を上げたくなるほどの必見スポットである。

「畳ヶ浦は別名を床の浦とも言い、約四万九〇〇〇平方メートルの波食棚《はしょくほう》が広がり、高さ二五メートルの見事な礫岩・砂岩の海食崖《かいしょくがい》が見られる。波食棚では縦横に走る小さな亀裂がみられ、畳を敷き詰めたように見えることから『千畳敷』と呼ばれる所以となっている」

波食棚が広がる畳ヶ浦
（写真提供：浜田市役所観光振興課）

桜の名所も紹介しておこう。市民の憩いの場ともなっている史跡として「浜田城跡」がある。浜田城は、一六二三（元和九）年に築城されたされたものだが、江戸末期の一八六六年に長州軍に攻め寄せられ、当時の城主であった松平武聡(5)は自ら城を焼き払って杵築（現出雲市）に逃げてしまったので、現在は石垣が残るのみである。先日、筆者の知り合いを連れて案内したところ、「この石組みはすごいですね。たぶん、穴太衆《あのうしゅう》によるものでしょう」と逆に教えられてしまった。

穴太衆とは、滋賀県坂本を本拠地として城づくりの際に石垣を組んでいた職人集団のことである。比叡山延暦寺から請け負った仕事が評価され、織田信長が造った安土城をはじめとして全国にまたがる多くの城づくりに関与してきた。現在、一五代目となる粟田純徳さんが一四代目（純司さん）とともに「粟田建設」を経営され、匠の技が受け継がれている。

門外漢の私には、この浜田城の石垣が穴太衆によって造られたものかどうかは分からない。今度、土木が専門の知人を通して専門家に調べてもらおうと思っている。それにしても、麓にある浜田護国神社から、大木に囲まれた静寂のなかを天守跡まで登っていく道沿いに見られる石垣は見事なものである。昭和二〇年代に修復されているが、往時を十分に偲ぶことができる。

過去に三重櫓《やぐら》の復元を目指す運動が起こされていたが、断念したということを聞き残念に思っている。ここから眼下に見る「外ノ浦」は絶景としか言いようがない。案内した知り合いが、「ここにホテル

（5）（一八四二～一八八二）水戸藩主徳川斉昭の十男。幕末期、慶喜の弟であることから佐幕派に与した。一八六六年の第二次長州征伐に参加したものの、病に伏していたために指揮が執れず、大村益次郎率いる精強な軍勢の前に山本半弥率いる藩軍は壊滅した。

立派な石垣が残る浜田城跡

を建てれば一泊二万円は取れる」と言っていたが、思わず筆者も納得してしまった。

浜田市を含め、石見地方を代表する芸能である「石見神楽」を紹介しておかないと宇津徹男市長からお叱りをいただくことになる。石見神楽の源流は近世以前とされているが、文化文政期の国学台頭とともに『古事記』や『日本書記』を原拠とする神話ものが加わり、スケールの大きさで絶賛を得た「大蛇《おろち》」をはじめとして演目も三〇数点に及び、きわめて多彩なものとなっている。もともと、神の御心を和ませるという神職による神事であったが、明治初期からは民衆のものとなり、民族芸能として演舞されるようになった。

そのリズムは、石見人の気性をそのままに、他に類を見ない勇壮にして活発な「八調子」と呼ばれるテンポの早いもので、大太鼓、小太鼓、手拍子、笛を用いての囃子でダイナミックに演じられ、観る人を神話の世界に誘ってくれる。また、詞章《ししょう》にも特徴がある。荘重で正雅な古典的な詞章は、里神楽においてはきわめて稀なもので、土の香りの高い方言的な表現、素朴な民謡的

浜田市観光協会が作成したパンフレット

な詩情とともに独特のものをつくりあげている。一九七〇年に開かれた大阪万博を機に海外公演も多く、日本文化の交流に役立っているほか、地元では例祭への奉納はもとより、各種の祭事、祝事の場に欠かすことのできないものとなっており、広く誇れる郷土芸能である。

知人から、「プロの神楽団はないの？」という質問を受けたことがある。即座に答えることができなかったので、大阪万博で石見神楽を上演した浜田市の石見神楽長澤社中の亀谷克幸さん（六三歳）にお聞きしたところ、次のような回答をいただいた。

「かつて、プロの神楽団の話もあった。神楽で経営が成り立つかということもあったが、プロの集団がいないからこそ、それぞれの集落や地域で石見神楽が舞われ、それによって地域が盛り上がっているのだと思う。それぞれの社中が切磋琢磨し、競いあっている。私は親から言われて舞ったという程度だが、今の若者たちは本気だから、技量もはるかに上だ」

たしかに、アマチュアだからこそ「子供神楽」を含めて地域をあげて盛り上がっているのであり、プロの神楽団であればそうはならなかったであろう。現在、石見神楽の社中数は一三〇を超えると言われており、二〇一三（平成二五）年二月九日には、一一二社中が集まって「石見神楽広域連絡協議会」（会長・田中増次江津市長）が設立された。ちなみに、浜田市では現在四二社中が活躍している。

ここまで紹介させていただいた浜田市内の観光施設や郷土芸能を観たあとは、やはり温泉に入っていただきたい。浜田市には、金城町の美又《みまた》温泉、旭町の旭温泉など五つもの温泉がある。二〇一一（平成二三）年度には、この五つの温泉に一三万七〇〇〇人ほどの入浴客が訪れている（浜田市役所税務課より）。一つの市に五つもの温泉があるのは全国でも珍しいということで、一つの自慢にもなっている。

もう一か所、浜田市からわずか一キロメートルほど江津市に入った所にある有福温泉も紹介しておこう。「浜田市の紹介ページで江津市の温泉を紹介?」、少し奇異な感じを受けられるかもしれないが、実は外湯（公衆浴場）の管理を浜田市江津市旧有福村有財産共同管理組合が行っている。江津市管財課の大場一司さんによると、外湯を市役所が一部事務組合の事業として運営している例はあまりないようだ。

この有福温泉の湯は透明な泉質で、弱アルカリ単純泉、天然かけ流しは天下一品と言える。「有福温泉薬師堂由来記」や温泉地内にある案内板によると、聖徳太子の時代（六五〇年ごろ）にこの地を訪れた天竺（インド）の僧、法道仙人(6)によって発見されたとなっており、「福の湯」とも称され、諸人種々の難病を治したと言い伝えられている。温泉地内に「原爆被爆者有福温泉療養研究所」があることからも、温泉の効能は折り紙つきと言える。

さて、話は一三〇〇年前に遡るが、平安時代の歌人柿本人麿（六六〇頃～七二〇頃）が石見の国の国司として赴任した際に江津市の依羅娘子《よさみのおとめ》を娶ったとされているが、斉藤茂吉（一八八二〜一九五三）は柿本人麿と依羅娘子も有福温泉に浸かっただろうと推測して、次のような歌を詠んでいる。

有福の　いで湯浴みつつ　人麿の
妻のおとめの　年をぞ想う

有福温泉と言えば、県内では松江市の玉造温泉と並び称されるほどの温泉で旅館街も賑わっていたそうだが、近年、全国各地の温泉地が整備されたこともあってやや客足の伸びが鈍っているようだ。江津市役所に照会したところ、二〇一一年度の入湯客（外湯）は約一二万人で、ここ一〇年の入湯客は横ばいとのことである。是非、浜田市に来られた折には、市内の五つの温泉とともに有福温泉にも訪れてほしい。公衆浴場の入浴料三〇〇円（小人一〇〇円）で「福」が得られる、これ以上の所はないだろう。

(6)　生没年不詳。鉄の宝鉢を持っていたことから「空鉢《くはつ》」、「空鉢仙人《からはちせんにん》」とも呼ばれる。播磨国一帯の山岳などに開山・開基として名を遺し、数多くの勅願寺を含む所縁の寺が見られる。

少しは浜田市のことを知っていただけたであろうか。このような市街地から約二〇キロメートル、山を登った所に弥栄町はある。今でこそ道路改良が行われ、自動車で三〇分もあれば行ける所だが、トンネルなどの道路改良以前には一時間以上を要するなど、浜田市民といえども弥栄町に行ったことがない人や、弥栄町そのものを知らない人も少なくない。ここを「島根県のチベット」と言う人もいるが、筆者としては「天空の農村マチュピチュ」と言いたいところである。

3 天空の農村「弥栄町《やさかちょう》」(旧弥栄村)

市街地を離れ、車で山に向かって走っていく。時間にして三〇分ほどで、標高一五〇メートルから五五〇メートルの準高冷地に位置する弥栄町に到着する。

一般的に、町は次の町への通過点であり、そこから次の町へとつながることにより経済や文化が発展してきたわけだが、ここは少し事情が違う。東は浜田市金城町から、西は三隅町、益田市美都町から、そして北は浜田市街地から弥栄町に入ることができるのだが、決して次の町への通過点とはなっていない。どの道を使ったとしても、弥栄町は目的地となる。ちなみに、南は中国山地に阻まれている。つまり、弥栄町に目的をもった人のみが訪れた所であった。「であった」

コラム　弥栄《やさか》の歴史

この地に集落が形成されたのはいつであろう。「やさかの里地区県営中山間総合整備事業圃場整備計画」の実施に伴ってはじまった文化財調査の結果、弥生時代前期（紀元前3世紀頃）から古墳時代、奈良時代、そして江戸時代に至るまでの土器や住居跡などが町内から出土したと報告されている（『増補 島根県遺跡地図Ⅱ』参照）。しかし、『弥栄村誌』（1980年発行）を見ても、江戸時代以前のことに関してはあまり記述がない。

現在、町のメインストリートと言うべき所は、弥栄支所やJAなどが建ち並ぶ長安《ながやす》本郷地区である。この地区の氏神である長安八幡宮の宮司・寺本博さんが江戸時代（文化文政期）における石見地方の地誌である『石見八重葎《やえむぐら》』を調べたところ、628（神亀3）年には「長安村」が存在していたことが分かった。それ以来、豪族がこの地域を支配し、戦国時代においては、時代の動きと歩調を合わせるように栄枯盛衰を辿ってきた。そんな歴史を証明するかのように、弥栄町には集落跡、古墳、城跡、製鉄遺跡などをはじめとして合計45か所の遺跡が確認されている。特に、長安本郷にある神代屋《よこや》遺跡は、弥生時代の初期から古墳時代のものだとして注目されている。

何となく歴史のロマンを感じさせる弥栄町だが、この地を少なくとも室町時代から見守ってきたのが、1452年創建の長安八幡宮である。島根県下でも珍しい老杉《ろうさん》として県の天然記念物にも指定されている5本の大杉に圧倒されながら由緒板を読むと、この時代には長安本郷には10の村があったという。樹齢600年を超え、最大樹高が43.5メートルに達するご神木、弥栄のシンボルともなっている。

弥栄《やさか》町内図
（　）内は集落名
至浜田
至広島
国道186号
周布川ダム
（小坂）
（日高）
農家民宿「茅葺の縁」
栃木八幡宮
弥栄小学校
市営住宅（栃木）
（門田）
浜田市街地へ
野坂峠
十国トンネル
市営住宅（寺組）
寿光苑
神代屋遺跡
浜田市役所弥栄支所
弥栄会館（安城公民館）
JAいわみ中央弥栄支所
串崎文平
（野坂）
長安八幡宮
農業研修住宅
新味噌製造所
（有）やさか共同農場
（稲代）
八幡宮にある大杉
市営住宅（宮組）
（本郷下）
安城地区
ふるさと体験村
（笹目原）
（小角）
興勝寺
市営住宅

弥栄診療所
グループホーム ふじさんち
杵束保育園
杵束公民館
弥栄中学校
特別養護老人ホーム
錦ヶ岡八幡宮
杵束地区
市営住宅（錦ヶ岡）
浄顕寺
市営住宅（塚の元）
市営住宅（下谷）
矢が尾城跡
（仲三）
（小熊）
木都賀ダム
三隅町
御部ダム
（熊の山）
（下田野原）
（上田野原）
（程原）
横谷集会所
（大元神社）
（横谷）
金城町波佐へ
弥畝山《やうねやま》
（標高961m）

と過去形で書いたのは、二〇一〇（平成二二）年、旭町から金城町を経て弥栄町に入り、三隅町、益田市に至る広域農道が完成したため通過点となったからである。

「はじめに」でも記したように、「弥栄町《やさかちょう》には信号がない、国道もコンビニもない」とよく言われる。読者の方々は、ネガティブな感じがして「訪ねてみたい」という衝動が沸いてこないかもしれないが、弥栄町にはほかの町では見られないものがたくさんある。自然の豊かさは言うまでもないが、この町に住む人たちは、年齢層ごとに都市との消費者交流を主体的に行っており、大変「活気のある町」となっている。その一例を紹介しておこう。

小坂集落のように、独自に東京都品川区との間で田植え体験などの交流事業を展開している所もある。また、弥栄町がどぶろく特区でもあるため、農家が民宿を開いてどぶろくを通して消費者との交流を図ったり、農業の後継者グループである「弥栄農業青年会議」（代表：佐藤大輔・二八二ページから参照）の会員が中心になって浜田市街地の住宅団地で「軽トラ市」を開催するなど、町外との交流が盛んである。

また、農業生産では、水稲中心の農業から有機農産物やエコロジー農産物など、環境にやさしい農業を実践する農業者やグループが増えており、本県でも突出した状態となっている。現在の高齢化率四三パーセントは、限界集落化しつつある他の地域と変わらないが、県外からやって来る若者、つまりIターン者が増えている。「有機農業を学ぼう」と県外から研修生としてやって来た若者の一部は、自営や雇用就農などにより弥栄町に定住もしている。

　こんな元気な町の農業や農村生活を体験できる施設が「弥栄ふるさと体験村」である。弥栄町三里笹目原に入ると、突然、近代的な大きな建物が眼に飛び込んでくる。一九九九年（平成一一）年に農業後継者の育成や都市住民との交流を目的として造られた「ふるさと交流館」で、体験村の総面積は二万平方メートルに及び、交流施設やバンガローなどの宿泊施設、体験農園が整備されている。「何もない弥栄」と言われているが、毎年約二万人もの人が自然を満喫するためや、蕎麦打ちをはじめとした農村体験などにやって来ている。「こんな山の中に……」と驚くほどの、産業体験型の観光施設となっている。

　入門版の「おすすめ体験プログラム」のほかに、専門性にこだわった「アウトドア派におすすめ体験プログラム」、「田舎おすすめ体験プログラム」、「収穫おすすめ体験プログラ

交流拠点となっている「弥栄ふるさと体験村」

ム」など、多くの体験プランが用意されている。もちろん、宿泊も可能で、古民家やバンガローは一戸まるごとの貸し出しとなっている。四名での利用であれば、一人二五〇〇円という格安料金で泊まることができる。

一五〇〇人ほどしか住んでいない町で、なぜこのような施設が造られたのであろうか。その答えは、やはり元気な町を支えている「人」と、生活環境のよさであろう。「人」についてはのちほど紹介することにして、ここでは生活環境の核となる医療施設と教育施設について簡単に説明しておこう。

医療施設

町内には、浜田市国民健康保険弥栄診療所がある。内科、眼科が専門で、内視鏡や超音波検査装置もあり、一次医療施設としては申し分のないものである。唯一の医師である阿部顕治所長（五五歳）は千葉県出身で、千葉医療センターの内科勤務医を経て、無医地区であった旧弥栄村に診療所が開設（一九九六年）するのを機に来られた。

日常の診療は言うまでもないが、保健師とともに町民の健康管理に尽力され、とりわけ脳卒中予防に熱心に取り組まれた。当時の弥栄村における脳卒中の死亡率は県平均の一・八倍だったが、その死亡率を大幅に削減することができた。この功績などにより、二〇一一年（平成二三年）には全国自治体病院協議会主催の「へき地医療貢献表彰」を阿部所長は受賞されている。

浜田市の地域医療体制の特色は、市役所地域医療対策課のもと、「弥栄診療所」、「波佐診療所」、「あさひ診療所」、「大麻診療所」がネットワークをつくり、各医師の専門性を生かしたローテーションを組んで町内を回り、住民に良質の医療を提供する仕組みができあがっていることと言えるだろう。この仕組みづくりに尽力した元浜田市役所地域医療対策課医療専門監の齊藤稔哲氏（第2章参照）は、当時の様子を次のように語ってくれた。

「医療に関しては、医療の効率化と圏域内の完結率の視点から、中核病院をいかにして充実させるかに視点が行きがちですが、保健や住民が日常受診する医療機関を充実させなければ重篤な患者が増加してしまい、医療費の負担が大きくなることが目に見えていましたので、撤退が相次ぐ過疎地域の医療をどのように継続していき、保健といかに連携できるのかとの視点で浜田市国民健康保険診療所連合体を仲間たちと立ち上げました。幸いにも、この

地域医療を熱く語る阿部顕治所長が勤務する弥栄診療所

試みは、多くの方々の支援で今日まで継続することができています」

今では、この連合体の診療所の医師たちが、浜田地域の中核病院である独立行政法人浜田医療センターまで応援診療に出向くほどになっている。

また、四つの診療所に常時五人の医師を配置したことで医師が休暇を取りやすくなるなど勤務態勢の緩和にもつながった。阿部所長が「医師になって初めて沖縄で海遊びができた」と笑顔で言われたのが印象的だった。筆者の同僚で県庁医療対策課での勤務経験がある人によると、このような仕組みは全国的にも珍しく、西日本では例を見ないものとなっているらしい。

さらに弥栄診療所では、二〇〇九（平成二一）年度から「中山間地域包括ケア研修センター」の看板を掲げ、医師育成の拠点として研修医の実習の場にもなっている。このような取り組みの成果と言えるが、齊藤稔哲氏は東日本大震災の復興支援を希望して宮城県気仙沼市立本吉病院に行かれ、その補充として二〇一三年四月から、千葉県出身で現在新潟県にある公益社団法人地域医療振興会の「湯沢町保健医療センター」に勤務されていた佐藤誠医師（家庭医療・三三歳）を新たに迎えるなど、浜田市の地域医療体制は充実したものとなっている。地域医療に情熱を傾けていただく医師の存在があってこそ、住民をはじめとしてIターン者にとっても「住みたい」、「住みやすい」所となっている。

先にも述べたように、弥栄町には若いご夫婦が定住しつつある。そんなご夫婦の子どもたちが通うことになる保育園や小・中学校も紹介しておこう。

教育施設

町内には、認可保育所として社会福祉法人立の「安城《やすぎ》保育園」と「杵束《きつか》保育園」がある。ともに定員は二〇名であるが、現在二三名と定員オーバーの状態となっている。これは、現在の弥栄町において若い夫婦が多いことを表している。両保育園とも高齢者や地域の人たちとの交流に熱心であり、地元の伝統芸能である「石見神楽教室」の開催や、地域の協力のもと、豊かな自然のなかでの収穫体験など情操を育む保育に熱心に取り組んでおり、子どもたちは元気に伸び伸びと育っている。

そして、小学校は一校、「浜田市立弥栄《やさか》小学校」がある。二〇〇二（平成一四）年に旧弥栄村の「安城小学校」と「杵束小学校」が統合して生まれた小学校である。生徒数は五八名（二〇一二年現在）と少数だが、驚くほど立派な校舎が木造で造られている。

最近では、山が見直されるなどして全国各地で木造校舎が造られているようだが、弥栄小学校の校舎は単に木を使ったものではない。使用されている木は、閉校になった杵束小学校の学校林で、世代を越えてＰＴＡの方々が育ててこられた杉や檜なのだ。小学校が統合されて六キロも離れた安城地区に移転しても、杵束《きつか》地区の人たちが育てた木を使うことで新設小学校に対する愛校心が育めるようにしたわけである。小学校が「地域の宝」として必要とされている証である。

いつ訪れても子どもたちの元気な挨拶が聞こえてくる弥栄小学校、以下に紹介するホームページの一節を読むと、その理由が十分に納得できる。

弥栄小学校は、「知・徳・体・情」の調和の取れた独り立ちできる児童を育てるという方針の下に〝学ぶ楽しさがある学校〟〝安心できる学校〟〝潤いがある学校〟〝地域と共にある学校〟づくりを実践している。特に地域と共にある学校づくりでは、野菜づくりを始める前の「ふわふわベッドの畑づくり」や児童たちが栽培した野菜で作る「ドラム缶でピザづくり」、近くの山野を巡り、昆虫や植物の観察、そして先生と一緒に食べるてんぷらに使う山菜取りを行う「里山探検」など弥栄の魅力である自然や伝統、人などとの関わりを持ちながら児童の情操教育を実践している。

地域と協働する安城保育園

地域の宝、浜田市立弥栄小学校

―（聞き取りおよび浜田市立弥栄小学校ホームページより）

このような小学校を卒業した子どもたちは、特別な事情がないかぎり「浜田市立弥栄中学校」に進むことになる。それゆえ、九年間にわたって一つの集団で学習および生活をすることになるので、子どもたち同士は非常に仲がよく、「イジメ」という言葉を知らないぐらいである。

弥栄中学校は、一九六八（昭和四三）年に旧弥栄村内の安城中学校と杵束中学校が統合して木都賀地区に設置された。全校生徒数は三八名（教職員は一二名）という小規模校だが、「響きあう　支えあう　高めあう　弥栄中学校」という学校像のもと、地域の「ひと・もの・こと」を生かしたふるさと教育を実践している。たとえば、保育園と同じく石見神楽や自然に親しむスキー教室などが、村民やＰＴＡの積極的な参加によって行われている。つまり、子どもたちの指導者は先生だけではないということだ。

とくに、「弥栄の未来を考える学習」では、猪肉を利用した名産品の開発や紹介といった単なる体験活動にとどめず、自分たちが生活している弥栄の特色と課題を探り、これからの弥栄を考えるにあたって具体的に何ができるかを学習している。このような学習を通じて「ふるさと弥栄」の再発見につながり、自らが住む町に対する誇りと自負心を育てている。

元気・活潑な少年時代を過ごす子どもたちだが、やはりケガをしたり風邪を引いたりもする。

でも、心配はいらない。浜田市には、全域を対象とした「子育て支援制度」が整っている。その詳細は市のホームページで「子育て支援隊」をクリックしていただくことにして、特徴的な制度としてある「乳幼児等医療費助成制度」を、本章の締めくくりとして紹介しておこう。

これは、出生から小学校六年生までの子どもが医療機関を受診した場合の医療費を助成する制度である。出生から就学までの子どもについては、医療費が一割負担となり、医療機関ごとの一か月の自己負担の上限を、入院は二〇〇〇円、通院は一〇〇〇円とし、薬局における自己負担はない。また、小学校一年生から六年生の子どもについては、医療費は三割負担となっているが、自己負担額の上限を、入院は二〇〇〇円、通院は一〇〇〇円とし、同じく薬局の負担はない。そして、中学校一年生から二〇歳未満までの子どもは、慢性呼吸器疾患等一一疾患群による入院の上限額を一五〇〇〇円とする助成を行っている。

簡単ではあるが、弥栄町の紹介が終わったところで、次章からは本書の主人公である「やさか共同農場」の紹介をしていきたい。四〇年前、代表取締役である佐藤隆は、かつて「弥栄村」と呼ばれていたこの地にやって来た。「Iターン」という言葉が生まれるはるか前に、Iターンを実践したわけである。もちろん、その当時は、今紹介したような快適な生活環境ではなかった。土を耕すことからはじめた「やさか共同農場」の歴史を、まずは記していきたい。

第2章

やさか共同農場の40年

――時代の変化にあわせて経営を発展させる

1985年頃のメンバー。味噌製造施設の前で（前列左から佐藤隆、佐藤富子、伊藤一博、後列左から堀江啓祐、平井忠）

前章において紹介したような所に「やさか共同農場」があるわけだが、もちろん、四〇年前に入植した当初から現在の形で会社経営を行っていたわけではない。それではこの間、「やさか共同農場」はどのような変遷を遂げてきたのであろうか。

本章では、四〇年にわたる「やさか共同農場」の歴史を、現在の代表取締役である佐藤隆たちが一九八九年に著した『俺たちの屋号はキョードータイ』を参照しながら紹介していくことにする（巻末の年表も参照）。

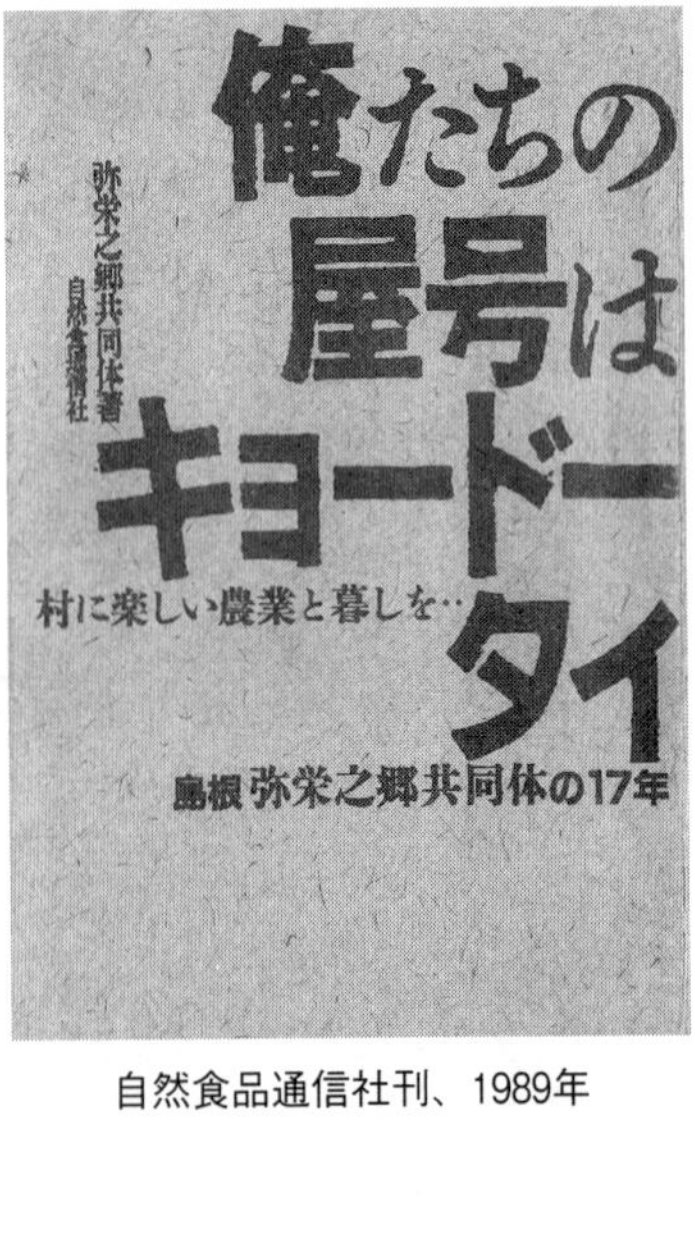

自然食品通信社刊、1989年

「四〇年」という時間の流れ方は、もちろん人によってさまざまである。その間には、一九八〇年代のバブル期も含まれている。都会に住んでいる人であれば、「あのころはよかった！」と思わず郷愁にひたるのかもしれない。佐藤たちもバブルを味わったのだろうか、それとも、対岸の火事のようなものでしかなかったのであろうか。まずは、四〇年前にタイムスリップしてみよう。

1　共同体としてスタート

（1）弥栄《やさか》村に入村

現在、浜田市弥栄町となった地域に、一九七二（昭和四七）年、関西地方にいた若者たち四人が「生産と生活がひとつになった共同体の建設」を夢見て、当時の弥栄村役場経済課の日原山勲課長の紹介を受けて入村した。かつては「弥栄村大字三里字笹目原」（横谷集落）と呼ばれていた所である。住所表記からして、どんな所かが想像できるのではないだろうか。その地に畑や家屋を購入して、共同体（任意の組織）として彼らの生活がはじまった。その名も「弥栄之郷共同体」（以下、共同体）である。

一九七三（昭和四八）年、佐藤隆は広島県立尾道北高校を卒業した年の五月、仲間に誘われて、まったく予備知識のない弥栄村に入村した。入村後は、先に入っていた仲間たちとともに、カヤ（ススキ）で覆いつくされた耕作放棄地の開墾作業に汗を流した。現在で言うところの「Iターン就農者」となるわけだが、弥栄村にやって来た理由を佐藤は次のように述べている。

「卒業後の一年間は農村の暮らしを体験しながら社会勉強をし、その後に大学進学を考えていた」

入村当時は農業への関心があまりなかったという佐藤だが、高校時代に生徒会長をしていた経験を生かし、共同体の建設、運営などといった活動を続ける過程でリーダーシップを発揮し、責任者の一人として、共同体の夢である「生産と生活がひとつになった共同体の建設」、「過疎化や出稼ぎに依存する村の再生」を目指して、うしろを振り返らずに前進していくことにした。

作業はもちろん人力。カヤの根株を掘り起こすという畑の開墾からはじまり、そこに野菜を栽培していった。生産した野菜はトラックに積み込み、当初、隣接している広島県の住宅地などで直接消費者に販売していたが、人数が少ないうえに畑の面積もたかだかしれたものでしかなかった。収穫量を増やすためには仲間を増やしていくしかない。そこで共同体は、仲間づくりを目的として「ワークキャンプ」に力を入れていくことにした。

野沢菜の収穫に励むメンバー
（1987年頃）

関西に住む大学生などを対象に呼びかけ、春休みや夏休みを利用して開墾作業などを一緒に行い、畑の面積を徐々に増やしていった。とはいえ、まだまだ野菜の販売収入だけでは到底共同体の運営はできず、積雪で農作業ができない冬の間は大阪にまでメンバーが出向き、共同体の運営や生活資金を得るためにビルの窓拭きなどを行った。つまり、出稼ぎである。この出稼ぎによって、一年間の営農や生活資金を稼ぐという生活スタイルだった。

出稼ぎ中の彼らの行動もすごい。休日を利用してさまざまな大学に出向き、共同体の宣伝活動を行った。立て看板の設置やチラシの配布などを通じて、学生をワークキャンプに勧誘する場としたのだ。「ワークキャンプだけに、トイレにチラシを張った。WCと言うくらいだからね」などと、佐藤は面白げに回想している。

しかし、出稼ぎ体質が恒常的に続くようになると、メンバーの間では次第に、「自分たちが過疎化にブレーキをかけようといいながら、過疎の象徴である冬場の出稼ぎを続けていては主張と行動が矛盾している」（前掲書、八三ページ）と自問自答するようにもなっていった。

（2）村民や役場の反応

今でこそ「Iターン就農」は珍しいものではなく、むしろ歓迎の対象となっているが、四〇年前はまったく違った。村役場から七キロメートルも離れた弥畝山《やうねやま》の麓に、突如、都会から若者がやって来て共同生活をしている姿は村民には奇異に映り、「過激派がやって来た！」、「偽名を使っているらしい」などという噂が村中に拡がった。当時の状況からすれば当たり前である。そのため、共同体を設立してからしばらくの間は、村民や村役場との接点はほとんどなく、まったくの孤立状態であった。

多くの村民からは懐疑の眼で見られていた共同体ではあったが、早くから、開墾した畑のある横谷集落の高齢者からは気さくに声を掛けてもらい、世間話や農政の話もする仲になった。時には、一緒に酒を酌み交わしたり、野菜のお裾分けをいただくなど、横谷集落の高齢者が共同体を受け入れるのには多くの時間を必要とはしなかった。

このころの様子を象徴するようなエピソードが、先に挙げた『俺たちの屋号はキョードータイ』に書かれているので要約して紹介しておこう。

共同体が弥栄にやって来た昭和四七年は浅間山荘事件が起きた年と重なり、「赤軍派などが武闘訓練や兵器作りに過疎の村に入り込んでいる」という噂もあり、一時期、浜田警察署からの看視や集落の人達への聞き込みもあったようだが、「あの人らはまじめに百姓をしとるんだ」と擁護もしてくれた。（三二五ページ）

（3）野菜の直売と農家との協働——一九七三年から

共同体が生産する野菜などの農産物は農協に出荷するのではなく、広島県などの消費者に直接販売していたが、自らがつくる野菜だけでは量がまとまらず、消費者側からの要望にこたえることができなかった。そこで手始めに、横谷集落の高齢者が自給用に栽培している野菜を少し多めに作付けしてもらうようにお願いし、余分にできた野菜を共同農場のものと一緒に販売するという取り組みをはじめた。

弥栄村の農家は、農産物の販売と言えば米しか経験がなく、野菜を販売するという考えをもちあわせていなかった。野菜は、売るものではなく食べるもの、お裾分けするもの、という考えでしかなかったのだ。しかし、この取り組みがきっかけとなって「共同体に野菜を持っていくと、お金にしてくれるんだそうな」（前掲書、四六ページ）という噂が村中に拡がり、共同体と村の間に存在していた「見えない壁」が少しずつ取り除かれるようになり、相互の融和にもつながった。また、広島での販売拠点として「広島供給センター」を設置し、常駐者として弥栄から一名を派遣している。しかし、農家や消費者から喜ばれた産直も結局のところ採算があわず、出稼ぎに依存する体質からも向け出せないことから一九七六年に供給センターは廃止している。その後は、広島の生協に販売するという形式をとることになった。

共同体建設の目的は「過疎に悩む村の再生」である。野菜の直売を農家と一緒にはじめたからといって、即、その目的が達成できたわけではない。かつて、共同体が発行していた通信に〈やさかだより〉というものがある。そこに、当時のことが触れられている。

消費者向けに発行されていたPR誌。〈やさかだより〉1983年5号。同年9月30日発行

農家の人たちにとって共同体は、気になる存在であっても、農業という点では、半人前にしか見られていなかったのだ。農家に対し、こんな作物をつくろうではないか、と、現実に見せつけることができなかったわけだ。

私は、片手間ではない、安全な農産物をつくる農業を、農家と共同で行なってゆきたい。そのためには、まず笹目原に生産組合をつくる必要がある。共同体の一部がとび出して、生産組合をつくる――そんな共同体の動きが大切だと考えるようになった。〈〈やさかだより〉一九八三年五号〉

そして、一九八〇（昭和五五）年、共同体を中心に近辺の農家が加わって笹目原生産組合の設立を行った。ちなみに、ここで述べられている笹目原生産組合の取り組みは、形を変えて、一九九七年に共同農場と有機栽培の米や野菜の生産者二一名が参加して設立した農事組合法人「森の里生産工房生産組合」に発展している。

（４）味噌づくりが出稼ぎをなくした

先ほど述べたように、横谷集落の高齢者から弥栄《やさか》村内に拡がっていった広島への野菜の直販だが、結局のところは採算がとれず、共同体のメンバーは相変わらず冬期の出稼ぎに依存しなければ生活が成り立たないという状況であった。そこで共同体は、大阪や広島の仲間たちと議論を重ね、一九七六年に広島への野菜の直販をやめることにしたわけだが、そうなると、代替となる現金収入の方法を探さなくてはならない。そこで注目したのが、横谷集落のおばあちゃんたちが家庭用につくっていた味噌である。当時の想いについて、『俺たちの屋号はキョードータイ』には次のように書かれている。

「水はきれいで美味しい。休耕田を利用すれば原料の大豆生産もできる。原料を生産し、その地に眠っている労働力を掘り起こし、加工して付加価値を高め、内容のわかる安心できる食べ物と

して、直接都会の消費者に届けよう」(九四ページ)

冬季の仕事として味噌づくりに着手したわけだが、これは共同体自らの考えに基づくものではなかった。実は、島根県の工業技術試験場浜田工業技術指導所(現県産業技術センター浜田技術センター)の研究員である堀江修二が提供したアイデアであった。

ある日、堀江は休日を利用して弥栄村の三里地内を流れる渓流にゴギ(イワナの一種)を釣りに来ていたのだが、そのとき偶然に共同体の若者に遭遇し、苦難にあえぐ共同体の事情を耳にした。その打開策として堀江は、味噌づくりをすすめたのである。そして、堀江をはじめとした工業技術試験場職員の指導を受けながら、横谷集落のおばあちゃんたちと一緒に味噌づくりをはじめることにしたのだ。

とはいえ、知識も技術もないなかでの味噌づくりのスタートである。そのため、一九七六年の冬、佐藤富子(旧姓鍵野、佐藤隆の妻)が小規模の味噌づくりに取り組んでいる九州などの農家やグループに研修に出向いている。そして、翌年の一月に横谷集落のおばあちゃんたちと一緒に味噌づくりを実際にはじめたわけだが、もともと農家が家庭用につくっている方法に則って製造規模を大きくしようとしたためにさまざまな問題が生じ、必ずしも出足好調とは言えなかった。

この問題の多くを解決してくれたのも、ある日、突然に共同体の前に姿を現した堀江だった。

堀江なくして現在の共同農場を語ることはできないのだが、それについては第3章で詳しく紹介するので楽しみにしてほしい（一二〇ページから参照）。

堀江の技術的な指導を受けた共同体は、大豆を生産・加工しての味噌づくりを経営的にも軌道に乗せることができ、冬場に出稼ぎに行く必要がないという状況へと変わっていった。と同時に、おばあちゃんたちの現金収入の道も開けてきた。当時、集落のおばあちゃんたちとはじめた味噌づくりのことを佐藤富子は「授産のかまどに火が入る」と表現している。

過疎に悩み、現金収入の道もほとんどない集落で、共同体という「授産のかまど」で味噌ができることを通じて「産業の火」が興る喜びを実感するとともに、その火を燃え上げていくためにも次から次へと薪を入れていかなければならないという使命を実感したときである。それは、過疎率が当時全国三位の弥栄村に入り、「過疎に悩む村を再生する」という共同体の夢の実現を改めて思い返したときでもある。今、この「かまど」には多くの人々が集まっている。「授産のかまど」は地域の「幸福のかまど」にまで育っている。

味噌づくりの成功は、直接的には仙人の使いである堀江の適切なアドバイスと、彼が勤務していた県産業技術センター浜田技術センターのバックアップによるところが大きい。とはいえ、苦しいときにあっても夢を忘れず、共同体が自ら解決法を考え続けたことによって磨かれた感性があったからこそ、堀江のアドバイスを受け止めることができたのであろう。いくらよいアドバイスを受けても、それを受け止めるだけの感性が備わっていなければ、見過ごし、通りすぎてしまうものである。

一歩たりと前に踏み出さない。ポジティブな対応をせず、「石橋を叩いても渡らない」ということになってしまっては元も子もない。夢を実現するためには、常に共同体が自問自答したように「問題意識と、改善しようとする姿勢」に向かって苦しみ、その苦しみのなかにこそ自然《じねん》の「感性」という成功への「火種」が生まれてくるのかもしれない。そして、そのときに「仙人」が現れる。

(5) 経営の多角化――一九七七年

共同体の事業は、大豆や米、野菜を栽培し、味噌づくりという農業経営を実践していったわけだが、それ以外にも、冬季の仕事を確保するために和牛の飼育も手がけるようになり、有畜複合経営に発展していった。ちなみに、牛の糞尿は野菜の栽培に必要な堆肥の原料にもなる。有畜複合経営に取り組んだ経緯を、「共同体農産物のしおり」から要約して紹介しよう。

「冬場、土地が雪の下になる弥栄でも天候に左右されない畜産は、年間を通じて作業ができるという利点がある。そして、山に牛を放牧すれば山は肥え、杉などの植林地の管理も行き届くことから、大豆や野菜の栽培に加えて畜産を行う『有畜複合』に取り組むことにした」

島根県をはじめとして中国地方は、昔から和牛の飼育が盛んである。和牛と言えば「サシ」が入りやすい肉質の優れた「黒毛和種」となる。共同体も当初（一九七七年）は黒毛和種を二頭購入して飼育していたが、その翌年には、若い農業改良普及員の助言によって知った「日本短角種」を東京の「大地を守る会」（一八六ページで詳述）の紹介を得て岩手県から購入している。

黒毛和種は、ご存じの通り脂がきめ細かく消費者からの支持もあって高く売れたが、麦やトウモロコシなどのいわゆる濃厚飼料は業者から購入せざるを得ず、生産費が高くなるというデメリットがあった。それに、それらの飼料の多くは外国からの輸入に頼っているため、飼料の自給という面から考えると問題があった。

一方の日本短角種は、放牧に適し、野草でも十分に飼育が可能という利点があったが、残念ながら、当時の消費者の「サシ」嗜好のなかで、「サシ」の少ない赤身は市場評価ではかなり劣るという弱みを抱えていた。

共同体のある場所は、背後に弥畝山《やうねやま》を抱え放牧も可能である。それに、付近には豊富な野草が潤沢にある。それに、「サシ」の多い牛肉よりは赤身のほうが消費者にとっては健康的で、健全な食生活を考えに掲げている共同体の考えにも合致することから、佐藤らは日本短角種の飼育をはじめることにした。島根県内では初めてのことである。

のちに豚の飼育もはじめ、飼育した牛や豚を弥栄からトラックで八時間もかけて兵庫県三田市の屠場に運び、食肉業者に委託して屠殺、解体、精肉にしたうえでパック詰めにした。この作業には共同体のメンバーも手伝っており、パック詰め技術の取得にもつながった。この作業を通じて、肉のしまりや脂肪の厚さ、赤身の量などといった肉質がよく分かったという。

また、関西の八つの消費者グループとともに「豚の一頭買い」も進めた。一九八八年にはこれらの消費者グループと「ミートミーティング」を開催し、牛や豚を飼っている弥栄の様子や豚の解体、精肉作業などのビデオ上映や意見交換まで行っている。そして、次第に精肉作業までを行おうと考えた共同体は、関西にあった販売拠点の責任者をその担当として、一九九三年に食肉事業を開始している。

精肉加工を直接行うことになったため、三田市の屠場に運

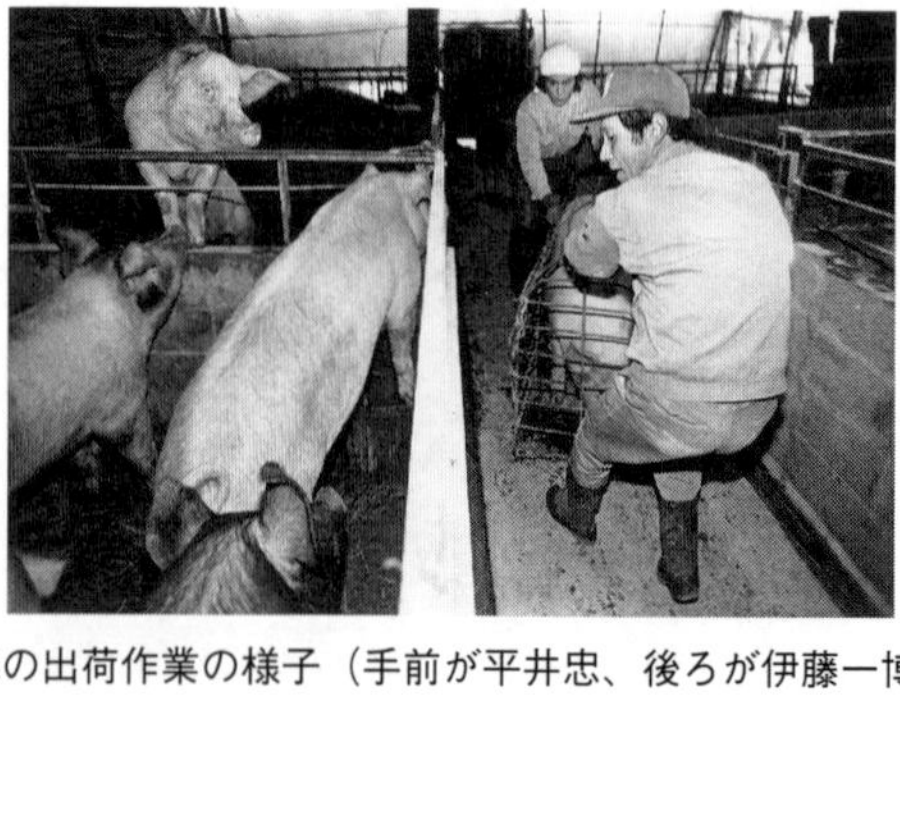

豚の出荷作業の様子（手前が平井忠、後ろが伊藤一博）

送していたものを島根県大田市にある株式会社島根県食肉公社に変更し、モモやロースなどといった部分肉として販売するようになった。この部分肉の販売に伴い、松江市などの生協が販売先として加わり多様化していった。

このように共同体の事業は、当初からつくられていた野菜や米に味噌が加わり、次に牛や豚の飼育、精肉の販売と、順調に経営が多角化して発展していったわけである。現在で言うところの六次産業化であるが、「消費者と連携した農業生産」を旗印にしていた共同体にとっては、このプロセスは自然の成り行きでもあった。

（6）弥栄《やさか》村に根を下ろした共同体

少し時間が前後するが、共同体が弥栄村に入村する以前のことも簡単に記しておこう。共同体の前身は、一九七一（昭和四六）年に岡山県備北開拓地に入植して、共同体建設を目指した「備北共同体」にはじまる。しかし、「一つの財布の捉え方」や「農業の捉え方」などの運営方針の違いから、翌年には備北を撤退している。そして、新たな土地を求めて、再出発の地としたのが弥栄村であった。弥栄村を選んだ経緯については、『俺たちの屋号はキョードータイ』（三二ページ）から要約して紹介しよう。

> その候補地として〝全国三位の過疎地〟である弥栄村に白羽の矢を立てた。全国三位というぐらいだから何とか土地を入手できるのではという安易な考えだったが、幸いにも、当時の弥栄村役場経済課長であった日野山《ひのやま》勲《いさお》の親切な対応により、共同体の資力にあった物件を三里笹目原に見つけることができた。
>
> 　このように書くと実に簡単なように感じるが、弥栄での物件の候補は見つかったものの、価格の折り合いがつかず断念した土地もあった。笹目原に決めることができたのは、地権者が共同体のメンバーと同世代の農協職員であったことから気持ちも通じやすかったからだ。

　関西の若者を呼び込み、ワークキャンプとして畑の開墾など共同体の建設を一緒に行ったのは備北共同体のときと同じだが、一つ決定的に違うことがある。それは、「地域との付き合い」である。先にも述べたように、横谷集落の住民がすぐに共同体を受け入れてくれたわけであるが、同集落に住む岡本兼信（故人）、光子夫妻の存在も大きかった。このお二人についてのエピソードを同書から引用しておこう。

> 　岡本のにいさんなどが「まあ、話しに来んさいや」と誘ってくれるようになった。ある晩岡本さん宅に寄せてもらうと酒が出て、酔いがまわるにつれてつい日頃思っていることが口

に出る。「都会の若造がなんで過疎のこんな田舎にきたんや」。で、「この辺の人は米しか作ってへんし、奨励金制度が打ち切られたりしたら、実際百姓どないしていかはるんですか?」と逆に聞き返したら「あんた、ようわかっとる!」と、いつの間にか慰め合いの酒になった。この岡本さんは、夫婦とも人付き合いがよく世話好きで、入った当初、全く血縁もなく信用すべき何ももない俺たちにも関心と共感をもって、なにくれと面倒を見てくれて、集落の人との仲介を努めてくれた。（三四ページ）

警察の聞き込みに対して、「あの人らはまじめに百姓をしとるんだ」と擁護してくれた人物を先に紹介したが、実はそれが岡本さんである。この岡本さん、共同体が取り組んだ和牛の飼育やシイタケ栽培の助言者でもあり、共同体が行う都会の人たちとの交流活動にも参加し、ヤマメ釣りや山菜採りなどの活動も手助けしてくれた。

岡本さんとの活動は、個人的な活動にとどまらず横谷集落での活動にまで拡がっていった。村主催の文化祭（産業際）の行事の一つとして「村づくり」の取り組みを各集落から発表することになった折、横谷集落はどの農家もかかわることができる運動として「都会の人との交流」をテーマに決めて発表をしている。

この岡本さんから共同体の若者たちは、集落の集まりの場である「常会」での心構えとして、

「常会じゃあ、自分の意見をしっかり言わにゃあいけん。そうせんと、本心からこうした共同作業もできんとおもう」（前掲書、一七〇ページ）というアドバイスをもらっている。そして、これまで「地元の人は、いままで俺たちの顔をみると、『キョードータイさん』と声をかけていたのが、俺たち一人一人の名前を読んでくれるようになった」（前掲書、一七一ページ）ようだ。「このことは一見当たり前のようだが、屋号としての『キョードータイ』と、集落の構成員としての存在を意識するきっかけになった」と、佐藤は振り返っている。

共同体の運営が厳しいときであっても常に集落に入り込み、その集落に対して敬意を払うという姿勢が集落との絆を生み、その絆が持続性のある共同体建設の活動につながっていったと筆者は考えている。なお、弥栄乃郷共同体と他の共同体の違いについては、第4章で紹介する「大地を守る会」の長谷川満取締役がコメントをされているので参照していただきたい。

ちなみに共同体は、一九七五（平成五〇）年、滋賀県朽木《くつき》村にも「朽木ゆまにて共同体」を建設している。佐藤も建設の際に出向いているが、二年後には個人経営に移行し、「備北共同体」と同様解散している。また、共同体と同じような農場が各地に建設されたが、これらの多くも解散しているという。「想い（夢や理想）と現実の乖離《かいり》」が共同体建設の大きな壁となっていたのだろう。これらの事例をふまえて考えると、共同体の存続のキーワードとして「地域との融合」という言葉が浮かび上がってくる。言うは易く行うは難《かた》し、である。

2　共同体の発展的解消と法人化しての新たな船出

（1）法人化への転換――動機と背景（一九八九年前後）

前節で述べた味噌づくりや牛、豚の畜産事業だけで、共同体の生活資金がすべて稼げたわけではない。もちろん、順調に推移していったわけだが、事業収入だけでは足りず、それを補完するために付近に広がる山林の下草刈りを地元の森林組合から請け負ったりしていた。それでも足りないときは、共同体を支援する関西地方の仲間から融資を求めるなどして資金繰りを行ってきた。

しかし、事業規模が大きくなるにつれ、このような方法だけでは間に合わなくなった。また、メンバーや雇用していた職員、長期の農業研修生の社会保険への加入といった福利厚生に関する待遇も曖昧という問題も指摘されるようになった。また、これらの事情のほかにも、共同体組織の問題点として以下のようなことが挙がってきた。

- 生産費と生活費を一つ財布で運営することが難しくなってきた。
- 古いメンバー同士が結婚して家族単位となり、個別の事情が生じてきた。
- 一家族（一人）で百姓をして、機械の利用や出荷は共同でやりたいといった考え方や、生産物を販売した利益のなかから生活費を捻出するより、給与を決めて経費として保証すべきだという考え方が多数を占めるようになった。

- 現状の仕組みでは、生産物の質、量の向上が望めないこと。
- 新しいメンバーが定着しない。

（〈やさかだより〉一九八八年六六号、一九八九年七一号参照）

このため、これまでの共同体建設という理念先行の任意組織から、金融機関からの円滑な資金の借り入れや厚生年金制度の導入など経営体としての態勢を整えるために有限会社化を検討することとなった。利潤を目的とする有限会社化と、佐藤らの目標でもあった共同体の建設という相反する考えに戸惑ったメンバーたちは、互いに納得するまで多くの時間を割いて話し合った。

話し合いを尽くしたあと、弥栄村に入村してからの一七年間の活動を『俺たちの屋号はキョウドータイ』という本にまとめることで総括し、一九八九（平成元）年に「有限会社やさか共同農場」と名称変更するとともに法人化を行い、新たな船出でとなった。その船出にあたって、〈やさかだより〉（一九八九年八九号）には次のような決意が述べられている。

一　弥栄乃郷共同体の生産と流通の仕事を生産法人『やさか共同農場』という新名称で行うこ

とになりました。共同体という任意団体から『やさか共同農場』に変える動機は、生活と仕事を意識的に区別して、生産に携わる個人の役割をわかり易くするためです。味噌・野菜の担当は佐藤、豚と椎茸栽培は平井、牛と米は伊藤、肉と椎茸の梱包と出荷は小村、出荷全体と会計は佐藤富子が今までどおり担当していきますので、どうぞよろしくお願いします。

（2）法人設立の効果

法人化することによって全国展開している有機農産物などの販売会社や生協などからの信用力が高まり、販路とともに売り上げも順調に伸ばせるようになった。また、厚生年金制度の充実や、地域にある他の事業所ともあまり変わらない給与水準なども提示でき、山間地域にあっても安定的な雇用が確保できるようになった。

それ以外にも、法人化によって継続性や社会的信用力が高まったことから金融機関からの資金調達も可能になり、事業拡大に伴う長期資金が確保できるようになった。なお、資金の借り入れにあたっては、国や県の補助事業の活用を前提にしてきたと佐藤は言う。担保に供するだけの資産や信用が少ない共同農場にとっては、補助事業との併用は資金調達においてかなりの助けとなったわけである。

3 共同農場の再スタート

(1) 畜産部門などの独立による共同農場の経営危機(一九九三年)

牛や豚の飼育による食肉加工事業や一九九〇年に広島ではじめた八百屋「さいくる」は順調に推移し、共同農場の売り上げ(当時、一億円程度)の五割強を占める重要な収益源に成長したわけだが、畜産部門(牛、豚、食肉加工)における金融機関からの借り入れにあたり、責任体制の明確化など畜産部門の独立が共同農場の内外から指摘されるようになった。そして、メンバーの意向に沿う形で、一九九三(平成五)年、これまで担当してきた四名に畜産部門や広島に設置していた八百屋「さいくる」をそれぞれ分割・譲渡することにした。

この部門の分割・譲渡にあわせて、四名いた常勤メンバーのうち二名は牛や豚の飼育事業に専念するため常勤から非常勤になった。また、大阪で販売を担当していた一名の常勤メンバーは、これを契機に共同農場から離れることになった。なお、脱退した一名の持ち分は、共同体当初からの仲間で、しかも佐藤の配偶者となった佐藤富子が引き受けた。このときから共同農場の法人における性格が変わり、実質的には、佐藤隆・富子夫婦による家族経営的な色彩が強まることになった。

資金繰りにおいて大きく貢献してきた畜産部門などをメンバーに分割・譲渡したことは、共同農場の事業規模の半減を同時に意味する。つまり、存続に大きな影響を及ぼしはじめた共同農場は、早急な経営改善策が求められることになった。

(2) 異なる三つの協働(仲間づくり)で経営危機を打開

集落営農組織との協働——一九九四年より

事業規模が半減した共同農場の経営建て直しは、これまで培ってきた味噌の製造・販売を中心にして進めることになったが、味噌の主な原料である大豆を増産することは農地確保(借地)の面から考えると限界的な状況にあった。もちろん、外部からの購入も考えられたが、生産履歴がはっきりしており、共同農場のコンセプトである無農薬で栽培された大豆の調達となるとやはり困難であった。

この難問題を解決してくれたのが、二〇年前、住居の風呂場や台所を造ってくれたことがきっかけとなって付き合いが続いていた門田集落の大工である廣瀬康友であった。そう、農業グランプリの授賞式のときに佐藤が直視していた人物である。

当時の廣瀬は、門田集落の住民が集まって米などを栽培する「門田農業生産組合」の副組合長であった。門田農業生産組合は、国から集落に割り当てられた水田の転作面積の消化のために工夫を凝らし、集落内の水田を三つに分け、水稲と飼料作物などの転作作物を交互に作付けるブロックローテーションを実施していた。この水田転作は、優良事例として一九九四年に農林水産大臣賞を受賞している。

同じ年、組合長に昇任した廣瀬は、これまでの飼料作物ではなく、転作奨励金単価がもっとも高く、しかも栽培にかかる労働時間が少なくてすむ大豆の栽培を考えていた。そこで、佐藤の共同農場で大豆の試験栽培をしてもらおうと考えていたのだが、逆に佐藤から、「門田集落で大豆栽培をはじめたい」と提案されたという。どうやら、お互い同じときに、大豆栽培に関する課題を抱えていたようである。

共同農場は門田集落の水田四ヘクタールを借り受け、農業機械を持ち込んで大豆の実証栽培を一九九四年から二年間にわたって取り組んだ。この二年間の試験栽培で好成績を得たことに自信をもった門田農業生産組合は、一九九六年から大豆栽培に乗り出すとともに、近隣集落の四つの集落営農組織に対しても大豆栽培を呼びかけ、旧弥栄村内の大豆栽培面積を二〇ヘクタールにまで拡大させている。

栽培面積の拡大に伴い共同農場は門田農業生産組合と「大豆作業受託組合」を設立し、コンバインを購入して他の集落営農組織でつくられた大豆の収穫作業を受託することにした。共同農場と各集落間で行われた「協働」という新たな取り組みが、共同農場の再スタートの礎になったことは言うまでもない。なお、門田農業生産組合の大豆栽培の具体的な内容は第３章で紹介することにする。

旧弥栄村内の農家と有機農業を通じた協働

共同農場は、共同体時代から周辺集落の農家が栽培する自給野菜の余剰分を集荷し、自らが生産した農産物とあわせて広島県の消費者を中心に販売し、農家から「現金収入の道が増えた」と喜ばれていたことは前述した。また、一九八〇（昭和五五）年には、笹目原の農家と共同体とで「笹目原生産組合」を設立し、農家との共同耕作に踏み出したことも述べた。

そして、このような農家との取り組みをさらに発展させることを目的として佐藤は、これまで共同農場に出荷してくれていた農家を組織化した「農事組合法人森の里生産工房生産組合」（以下、森里）の設立を提案し、共同農場と農家二一戸が参加して一九九七（平成九）年にそれは設立された。構成員となった各農家は収穫した農産物を森里に出荷し、森里は共同農場に出荷する。受け取った共同農場は、自身の農産物とあわせて生協などを通じて消費者に届けるという仕組みがつくられたわけである。

この組合は、共同農場が個々の農家と直接取引するという関係を見直し、農家同士の結合を狙ったものだが、この組合の名付け親は第5章で紹介させていただく「大地を守る会」の顧問であった小松光一氏である。何といっても「工房」というのが面白い。農家が集まった集団や地域を小松は「工房」と位置づけ、そのなかで働く人々を「職人（マイスター）」と捉えている。「工房」と言われると新たな産業興しと大きな夢が実現できそうなフィールドが感じられるし、「職人」と言われると、「単なる生産者ではなく、こだわりをもった生産者」と映るから不思議である。

この森里の事務仕事は共同農場が引き受けているが、販売手数料は、販売促進費の一部として〇・五パーセントしか徴収していない。その理由を、佐藤は次のように言っている。

「共同農場が森里の農産物を取り扱うことにより、共同農場の販売先に対して安定的に出荷量が確保できることや品揃えも増え、信頼度が向上する。またそれ以上に、森里を通じて集落や地域との協働意識や連帯感の醸成が期待できる」

このことは共同体建設の当初からの目的でもあったため、手数料収入などには代えられない価値が佐藤にはあったわけである。

二〇〇一（平成一三）年、共同農場の支援を得て森里は有機JAS認証を取得した。これは、共同農場を核とし、村内に有機農業が広まるきっかけともなった。しかしその後、森里の野菜の出荷者は高齢のため脱会し、二〇〇六（平成六）年には水稲の生産者のみの組織となっている。

なお、組合外の野菜の生産者は共同農場に直接出荷するという形をとってきたが、森里の組合員であった串崎昭徳に加え、第4章で紹介する高橋伸幸、第5章で紹介する小笠原修などが有機野菜生産に加わったことから、二〇一二年、新たに一〇名で「やさか共同農場有機野菜生産者グループ」を立ち上げるとともにJAS認証を取得し、共同農場に出荷するようになっている。

県外の異業種との協働

先に紹介した共同農場の有機流通部である「さいくる」(広島県)は、前述したように一九九三(平成五)年に担当職員に分割・譲渡し、翌年、その職員を中心として自然食品の店「有限会社サイクル」が設立されている。共同農場は、「サイクル」に味噌や野菜を出荷している。その経営が順調に推移していた一九九七年、「サイクル」に足を運べない消費者への購買を目的に共同農場は、大阪市に本拠がある宅配会社「株式会社ビオマーケット」と「サイクル」の三社で、アンテナショップと宅配事業を統合した新たな販売会社「株式会社BYC」を設立している(「BYC」への共同農場の出資率は二〇パーセント)。

このような形で味噌などの有機加工食品の販路を広げ、売り上げを順調に伸ばしていったわけだが、そうなると、味噌の原料となる大豆の安定的な確保が課題となってくる。すでに共同農場は、弥栄町に隣接する金城町において耕作放棄地を借地して大豆などの栽培を行ってきたが、より安定的な原料確保と栽培におけるリスク分散を図る必要が生じてきた。そこで、広島県世羅郡世羅町にある国営農地開発地である世羅台地内に、大阪の有機野菜販売会社である「株式会社よつ葉会」と広島県内の農業者三人と協働して「株式会社世羅協働農場」を設立し、供給体制を整えることにした（共同農場の出資比率は二五パーセント）。

設立当初は、経営安定のために佐藤が代表取締役に就任し、技術的な支援も行っていた。ここで生産された大豆などは、当初共同農場に出荷されていたが、現在は豆腐の加工原料として全量を「よつ葉会」に出荷している。なお、農業機械の貸与などの支援に関しては現在も継続しているという。

世羅協働農場の担い手、近藤亘社長（中）
（写真提供：世羅協働農場）

世羅協働農場が大豆の集荷を「よつ葉会」に変更したということは、共同農場にとっては別に大豆を確保しなければならないという新たな難題を突き付けられたことになる。この難題、いかにして解決したのだろうか。

実は、二〇一〇（平成二二）年、島根県の農業生産法人などで構成する「島根県農業法人協会」で親交のあった「農事組合法人松永牧場」の代表である松永和平氏（第7章参照）の世話により、浜田市に隣接する益田市の国営農地開発事業で造成された畑約一〇ヘクタールを借地することでこの危機も乗り超えている。危機を救ってくれるのは常に仲間、ということである。

4 食の安全・安心への取り組み——有機JASの認証

共同農場は、弥栄村に入村した当初から「消費者と生産者が理解しあえる農業生産」をコンセプトとして営農を続けてきたわけだが、その必然として、無農薬による米や野菜の栽培に心掛けてきた。しかし、当時の栽培は、現在と違って農薬や化学肥料を使用することで病害虫の防除を行って収量を安定的に増やす栽培方法が慣行となっていたため、無農薬栽培を実践しようという農業者はほとんどいなかった。

農業に関する知識が少ないうえに有機農業のマニュアルもないという状態であったから、当然のことながら佐藤らは、毎日が病気や害虫との闘いという日々となった。このような闘いを支援し、佐藤らの活動を支えてくれたのは、共同農場のサポーターであり、ファンでもある消費者であった。

一九九八（平成一〇）年前後になると、消費者の食に対する安全・安心志向が高まり、各地で有機栽培を売りにした農産物が生産されるようになり、それらが各店舗に出回りはじめると、生産者や産地によって異なっていた有機野菜における栽培基準や表示などの統一が求められるようになってきた。そこで国は、二〇〇〇年、有機農産物の生産に関する基準などを定めた「ＪＡＳ認証制度」を創設することにした。

ＪＡＳ制度が創設される一年前、島根県は国の制度とほぼ同じ内容で先行的にモデル事業を立ち上げていたが、共同農場はその対象に手を上げて試行的に取り組んでいた。そうしたこともあり、先に述べたように、二〇〇〇年にいち早く大豆などの農産物のＪＡＳ認証を取得したほか、二〇〇一年には味噌などの農産加工食品もＪＡＳ認証を取得している。それにより、共同農場が提供する農産物や加工食品の安全性がさらに高まっただけでなく、消費者の食に対する安全・安心意識にこたえることができるようになった。

ちなみに佐藤は、二〇〇一年より大阪府にある認証機関の栽培圃場での審査を行う検査員に選ばれているほか、二〇〇五年から二〇一一年までは、検査員の検査結果をもとに書類審査を行う判定委員にも委嘱されていた[1]。「検査委員である自分が行う検査を『独立行政法人農林水産消費安全技術センター』の職員に監査されるときは、さすがに緊張した」と述べる佐藤だが、現在も認証制度の普及や推進に意欲をもってあたっている。

5　成長を支えた工夫と改善

(1) 気候条件を生かした有機農業の実践

準高冷地にある弥栄町の年間平均気温は一二度で、夏は平坦部に比べて夜温が低く比較的しのぎやすいが、冬は一二月ごろには初雪が降るなど降雪も多く、氷点下五度を下回ることも珍しくない。夏が比較的涼しいということは、平坦な地域では難しい夏の野菜栽培も可能だということだ。また、冬の寒さが厳しく降雪が多いという環境は、病害虫の発生が比較的少ないということでもある。それゆえ、このような気象環境の弥栄町は有機農業を実践するにはメリットが多いエリアとなる。それに加えて、工夫を凝らしたさまざまな有機栽培技術を実践している。

たとえば、水稲では除草剤の代わりに粉炭を塗布した紙マルチや合鴨の雛を利用して雑草の発生を抑えたり、水稲と大豆、冬越しの大麦を輪作してワラなどの有機質を土に戻すことで地力を

(1) 二〇一二年からは、制度の改正により認証を受けている事業者が判定委員になることができなくなったため、現在は判定委員を辞めている。

維持している。また、葉物野菜の栽培では、雨除け用のビニールハウスに防虫ネットを張ったり、地面にビニールを敷き、太陽熱を利用して土壌の雑菌の繁殖を抑制するといった取り組みを行っている。

現在の弥栄町において、有機農業を実践している農業者や、農薬や化学肥料の使用を少なくしたエコロジー農産物を生産する農業者が県内の他の市町村に比べて多いという事実は、この地域における自然環境上のメリットを証明していることになる。

共同農場のある横谷集落は、山間谷間にある小面積の農地が多いため農産物の生産性が低い。それゆえ、市場出荷の際に求められる規格通りものを大量に出荷することはできない。しかし、手間隙をかけて栽培された農産物が消費者から付加価値の高いものとして評価されている。農業生産に向かない農地や地域であっても、有機農業によってその価値を見いだすことが可能であるということである。

(2) 試行錯誤を重ねた有機農業の実践

ストチューの活用と実践

共同農場は、農薬に頼らなくても経営的に成り立つということを目標にしてこれまで挑んできたわけだが、有機農業による生産技術を身に着けるまでには多くの時間を要した。

あるとき、農業情報誌から、「ストチュー」と言われる木酢、黒砂糖、焼酎の混合液を撒布する防除方法を知り、大豆の品質低下の原因となっているカメムシや紫斑病などによる被害を軽くすることができた。また、撒布に伴う木酢液に含まれる「タール分」による生育障害を避けるために、「タール分を濾過した木酢液」も使用している。しかも、作物によって濾過回数を変え、大豆などの穀類には濾過回数一回の木作液を、トマトやトウガラシなどの果菜類の場合は濾過回数二回の木作液を使用している。

病害虫に負けない作物づくり

大豆栽培の成否は、病害虫に負けない抵抗力を付けることが大切である。そのポイントとなるのは、種まき後の一か月間の生育を促進することである。生長を阻害する原因としては以下の四つが挙げられる。

- 排水が悪く、水が停滞する圃場。
- 雑草が繁茂する環境。
- 大豆の背丈が伸びすぎると倒れやすく、しかも花芽が少なくなる。
- 生育に伴い、根が張る環境が相対的に狭くなる。

これらの生育を阻害する原因を取り除くため、共同農場では次のような栽培管理を行っている。まず、播種前後の一か月間の対策として、種まき前の畑に畝たてを行って水はけのよい土壌環境をつくり、種まき後には生えはじめた雑草を取り除くことや、根が張りやすい土壌とするために畝間の土を大豆の根元に寄せる「中耕培土」を行っている。また、生育期間中は、カメムシなどの害虫を減らすことも重要となることから、栽培期間中だけではなく、その前後に畑周辺の草刈り（雑草取り）を行っている。

これらの対策を講じたとしても、すべてがうまくいくわけではない。同じ圃場で同じ農作物の栽培を繰り返すと、収量が大きく減少したり、病気にかかりやすくなってしまう。これを「連作障害」というのだが、大豆をはじめとする多くの農作物はこの連作障害が起こりやすく栽培が難しい。これを防ぐために共同農場では、一つの圃場（水田や畑）で一年目は大豆を栽培し、二年目は大麦を、そして三年目には水稲を栽培するというローテーションを組んでいる。また、このローテーションも、一枚の圃場だけではなく、地域の農家の理解を得ながら一団の農地が連担して行うブロックローテーションも行っている。

栽培における最新の工夫

これまでに紹介してきたように、共同農場は「科学的に合成された肥料や農薬によって栽培環境や病害虫を制御し、均一な生産物と高い生産力を維持していく慣行農法」（「有機栽培技術の手引き（水稲・大豆編）」一〇ページ、財団法人日本土壌協会）とは違い、大豆などの農産物の生産に関しては共同体時代から有機農業を実践してきたわけだが、国や県などが示した有機農業に関する一般的な栽培基準がなかったため、書籍などに紹介されていた先駆的な農家の実践例を参考に試行錯誤を繰り返し、その積み重ねのなかで独自の栽培技術を組み立ててきた。

前述したように、二〇〇〇（平成一二）年に有機農産物のＪＡＳ認証制度が創設され、国や県で有機農業栽培にかかわる技術情報も出されるようになったわけだが、残念ながらこれらは断片的な技術紹介にとどまり、有機農業を実践しようとする農家にとっては、「有機大豆栽培の播種から収穫に至る組み立てられた技術」とまでは言えるものではなかった。

手探り状態での栽培であったことから、共同農場の有機栽培における大豆の収量は一〇アール当たり一〇〇キログラムを少し超える程度でしかなかった。さらに、経営の発展に伴って弥栄町と標高が大きく異なる隣接の金城町や益田市での栽培が加わったため、新たな気象環境のもとでの栽培技術の組み立てが急務となってきた。

そうした折、二〇一三（平成二五）年二月、佐藤自らが参加・発表していた中国四国農政局主催の「中国・四国地域農業セミナー」で、同じく発表者であった株式会社クボタ技術顧問の在原丈二氏の「大豆三〇〇Ａ技術の現地実証から見た大豆栽培技術の課題」という報告から、水田転作大豆で一〇アール当たり三〇〇キログラムを超える栽培技術が実証されたことを知った。これで、共同農場の水田転作でも慣行栽培の七割以上の収量を確保できることが分かった。

また、インターネットで「大豆　有機栽培技術」のキーワードで検索したところ、前述した「有機栽培技術の手引き（大豆編）」を見つけ、そこでも「元肥の窒素成分が高いと根粒菌の着生が阻害される」ことや「雑草抑制対策として鎌を使った手取り除草に替えて紙マルチを検討する。また、紙マルチは土壌の乾燥を抑えることができる」、「元肥の発酵鶏糞ペレット（窒素成文二～三キログラム）を側状施肥して施肥量を最小限にする」など、共同農場がこれまで積み重ねてきた栽培技術の改良策を多々見つけることができたほか、広島県農林水産局農業技術課が作成した「Ⅲ大豆栽培基準」から「標高別・品種別播種時期別播種量の目安」も見つけ、共同農場での導入を検討することにした。

多くの技術情報に接した佐藤は、これらの技術を標高の異なる農地で栽培する共同農場独自の栽培基準として組み立て直すとともに、圃場の耕起から播種までの作業体系も再構築している（八六、八七ページの**表1・2**を参照）。これにより、「有機大豆の一〇アール当たりの収量を二〇〇キログラム以上にできる」と自信をのぞかせている。

作業体系の見直しができた佐藤は、財団法人日本土壌協会が作成した「有機栽培技術の手引き（大豆編）」には大変感謝していた。「これまで、有機大豆栽培の技術情報は断片的で実用的な情報が少なかったが、この資料は基本栽培技術から類型別技術まで網羅されており、有機農業に取り組む生産者にとって福音になる情報である」と、高く評価している。

一般的に、試験研究機関などが開発した生産技術の普及や伝達は、平素から農家と接している普及指導員が、開発された技術を農家の実情に沿う形に咀嚼してから行っている。つまり普及指導員は、常日頃から最新の生産技術について勉強しており、アレンジして伝える能力に関しても日々研鑽しているということである。佐藤が評価している資料にしても、書籍として販売されてはいるが部数は少なく高価なものであるため、島根県では県の指導機関などの配布にとどまっているというのが実情である。それだけに、普及指導員の存在は重要となる。

たしかに、佐藤のようにインターネットで最新情報を入手することも可能だが、すべての農家がそれを行えるわけではない。平素より農家とのコミュニケーションを深めているからこそ、普及指導員は各農家の技術水準も把握できるし、必要とされる情報も分かる。普及指導員がもたらす情報に耳を傾け、農家はさらなる向上心をもって取り組む必要があろう。それにしても、農業者として常に学び続けている佐藤の姿を見て、筆者は農業の「奥深さ」を実感してしまった。

最大限の配慮をして生産された大豆、次はそれを加工していかなければならない。共同農場においては、その加工においてもかなりの工夫が凝らされている。その現状を以下で見ていこう。

表1　有機大豆　サチユタカ　作業工程　日付・日数　基準表

（作成：佐藤隆）

百粒重：33　　1株2粒播種
苗立率：80%　　1株平均苗立率：1.6本

作業番号	1	＊2	3	＊4	5	6	＊7	＊8	9	播種基準			
標　高	播種日	中耕日	中耕培土1	追肥日	中耕培土2	開花日	灌水日	手取り除草	収穫開始日	播種量 kg/10a	畝幅cm	株間cm	株数/10a
400m 以上	6月5日	6月13日	6月20日	6月30日	7月5日	7月20日	7月25日	7月30日	10月20日	6	63	17	8,000
	日数	8日	15日	25日	30日	45日	50日	55日	137日				
	作業	発芽直後		銀・アグロ	摘芯も検討	7～10日間				畝立栽培			
	機械	逆転中耕機	逆転中耕機	側状ロボ	逆転中耕機								
	播種日	中耕日	中耕培土1	追肥日	中耕培土2	開花日	灌水日	手取り除草	収穫開始日	播種量 kg/10a	畝幅cm	株間cm	株数/10a
	6月15日	6月23日	6月30日	7月10日	7月15日	7月25日	7月30日	8月4日	10月25日	7	63	14	10,000
	日数	8日	15日	25日	30日	40日	45日	50日	132日				
	作業	発芽直後		銀・アグロ	摘芯も検討	7～10日間				畝立栽培			
	機械			側状ロボ									
350～300m	播種日	中耕日	中耕培土1	追肥日	中耕培土2	開花日	灌水日	手取り除草	収穫開始日	播種量 kg/10a	畝幅cm	株間cm	株数/10a
	6月25日	7月3日	7月8日	7月17日	7月21日	8月1日	8月6日	8月11日	10月30日	8	63	12	12,000
	日数	8日	13日	22日	26日	36日	41日	46日	127日				
	作業	発芽直後		生育不良		7～10日間				畝立栽培			
	機械												
	播種日	中耕日	中耕培土1	追肥日	中耕培土2	開花日	灌水日	手取り除草	収穫開始日	播種量 kg/10a	畝幅cm	株間cm	株数/10a
	7月5日	7月11日	7月18日	7月25日	7月30日	8月8日	8月13日	8月18日	11月5日	9	63	10	14,000
	日数	6日	13日	20日	25日	34日	39日	44日	122日				
	作業	発芽前		生育不良		7～10日間				畝立栽培			
	機械												
300m 以下	播種日	中耕日	中耕培土1	追肥日	中耕培土2	開花日	灌水日	手取り除草	収穫開始日	播種量 kg/10a	畝幅cm	株間cm	株数/10a
	7月15日	7月21日	7月28日	8月4日	8月9日	8月15日	8月20日	8月25日	11月10日	10	30～35	20	16,000
	日数	6日	13日	20日	25日	31日	36日	41日	117日				
	作業	発芽前		銀・アグロ	摘芯も検討	7～10日間				密植栽培			
	機械	カルチローター	カルチローター	側状ロボ	カルチローター								
	播種日	中耕日	中耕培土1	追肥日	中耕培土2	開花日	灌水日	手取り除草	収穫開始日	播種量 kg/10a	畝幅cm	株間cm	株数/10a
	7月25日	7月31日	8月7日	8月12日	8月15日	8月22日	8月27日	9月1日	11月10日	12	30～35	17	18,000
	日数	6日	13日	18日	21日	28日	33日	38日	107日	密植栽培			
	作業	発芽前	カルチ	銀・アグロ	摘芯も検討	7～10日間							
	機械			側状ロボ									

〈栽培のポイント〉作業番号2：中耕－逆転中耕は、培土調整して発芽の倒伏を防ぐ。カルチローターは、玉カルチとも言い、雑草を漉き込む。
作業番号4：6月15日の早植え・7月15日以降の密植栽培時に実施する。中間播種では、生育不良や根粒菌不足時に実施する。
作業番号7：灌水は、水田転作圃場で実施する。傾斜畑地では、紙袋と段ボールを20～30cm幅にカットして溝に敷き保水する。
作業番号8：大鎌・改良ノコギリ鎌を使用して、アオゲイトウ・アカザ・ツユクサ等の地上部を生育初期に根元より除去する。

表２　有機大豆　　耕起〜播種　　作業体系　　　　（作成：佐藤隆）

作業番号	作業名	使用機械	処理能力	作業日程		注意事項
	大麦収穫	４条コンバイン 搬送車・コンテナ	４h/ha/２人 ６日/10ha/２人	３日後	６月15日 ↓ ６月21日	晴天日
1	除草	モアー・ジアス	４h/ha/１人 ６日/10ha	６月17日 ↓ ６月23日	開始	日中・小雨可
2	荒起こし	ソイル・55ps/ジアス	３h/ha/１人 ５日/10ha		６月18日 ↓ ６月24日	夜間（日数短縮）・小雨可 ＊ソイル・ジアスのテスト 雨天区切り
3	整地	55ps・ジアス	２h/ha/２人 ３日/10ha/２人	６月19日 ↓ ６月25日		夜間
4	畝立	JK14・畝立器	４h/ha/１人 ６日/10ha		６月25日 ↓ ７月１日	日中 ＊スケール・成形板の補修 雨天区切り
5	側状施肥	JK14・播種器	３h/ha/１人 ５日/10ha	６月26日 ↓ ７月１日		夜間 ＊転圧ローラー無し醗酵鶏ペレ N－3Kg　土中施肥
6	播種	JK17・播種器 JK14・播種器	３h/ha/１人 ３日/10ha/２人	終了	６月28日 ↓ ７月５日	日中 ＊尾輪の設置

作業者：３〜４名　最短日数：18日/10ha

（3）農産加工の改善と工夫——公的研究機関の助言

業務用の味噌づくりと技術改善——一九九〇年ごろ

農家の味を売りに共同農場がつくった味噌は、関西の消費者を中心に好評を得て順調なスタートを切ったわけだが、ラーメン店や焼肉店、そして料理店などの業務用としては通用しなかった。業者から「味がぼける、抜ける」などといった厳しい指摘があり、販売には結び付かなかったわけである。家庭でつくられる味噌汁は味噌を溶かすだけだが、業務用は味噌を煮込む必要があり、それに耐えられるだけの品質ではなかったのだ。

佐藤らは試作を繰り返しては業者の評価を受けていたが、なかなか納得してもらえるだけの味噌をつくり出すことができなかった。しかし、試行錯誤を繰り返すうちに、「三年物はコクはあるが風味がない」、「一年物は風味はあるがコクがない」という味噌の性質に気付いた。また、京都の有名料理店が数種類の味噌をブレンドして使っているということを雑誌で知り、三年物と一年物など数種類の味噌をブレンドすることで業者が求める品質にも対応できるようになった。この改善には二年ほどの時間がかかったが、この間、浜田市内の旅館の店主からも厳しい指導を受けている。この店主の指導に対して佐藤は、「とくに感謝している」と機会あるごとに話している。

さてそれでは、実際の味噌づくりがどのように行われているのかを以下で見ていくことにする。一九七七年からはじまった共同農場での味噌づくりも、現在では、味噌製造量において県内第二位の企業にまで成長している。もちろん、自らの工夫や努力の賜であるが、やはり集落のおばあちゃんたちをはじめとした公的研究機関の指導も見逃すことはできない。紙上のことゆえ限界はあるが、写真などを交えて説明していきたい。

浜田工業技術指導所の指導

味噌づくりに着手した当時は農家のつくり方を真似たものであるから、製造するための器具や施設も小規模で非効率なものであった。また、資金力も乏しく技術も未熟なものであった。そんなとき、浜田工業技術指導所に勤務していた堀江から改善に向けたさまざまな提案があり、共同農場はその提案を受けて次のような改善を行っていった。なお、堀江の提案に至る顛末や内容は第3章で紹介するので、ここでは簡単に触れることにしたい。

一つには、多量の麴が製造できる「麴室《こうじむろ》」の建設である。これは、麴をつくるために山に横穴を掘った部屋のことで、一定の温度を保つために麴室内の排気や外からの吸気も考えた構造とした。また、麴室と加工場の建物を一体化するなど、作業効率も考えたレイアウトとした。

二つには、味噌の原料である大豆を蒸す「薪焚き圧力釜」の開発である。二重蒸気槽の圧力釜

（ＯＨ式）の特許をもっている堀江の指導を受けて、製造コストを少しでも抑えるために、燃料として灯油を使用せずに付近に潤沢にある薪を利用した圧力釜をつくった。また、農家で不要になった醬油樽を改造して六〇キログラムという大量の米を一度に蒸すことが可能な「蒸篭《せいろ》」もつくっている。

三つ目は、手づくりの「仕込みタンク」の開発である。鉄骨板でつくった枠に杉板をはめ込み、その内側にはビニールで覆ったタンクをつくり、多量の製造を可能にした。この仕込みタンクは、杉板が自由に取り外せることから洗浄が簡単であるという利点も兼ね備えている。

また、味噌づくりの品質を左右するものに麴《こうじ》づくりがあるが、これについては堀江から引き継いだ松崎らが指導を行い、共同農場の技術向上を支援してきた。

水質の改善（二〇〇七年）

もう一つ、味噌の品質を左右するものとして良質な水が挙げられる。共同農場ではこの水を、かつては背後にある弥畝山《やうねやま》からの渓流水を生活に影響を受けることのない標高六〇〇メートルの場所から取水していた。美味しい水であることは間違いなかったが、必ずしも無菌な水ということではなかった。そこで、敷地内に深さ約四〇〇メートルの井戸を掘って無菌な水を確保した。もちろん、毎年、広島県の業者に依頼して水質検査を行っている。

以前はこの無菌水をペットボトルに詰めて「天然アルカリイオン水」という商品名で販売し、消費者からの評判も高かったが、ペットボトルの資材高騰により採算性が悪化したために今はその販売を止めている。

現在の改善（二〇〇八年以降）

このような改善を行ってきたことによって「やさか味噌」ブランドが浸透し、それまで日量二トンの生産規模であったものを三トンに拡大する必要が生じた。そのため、二〇一〇（平成二二）年に約一億円をかけて新工場を建設した。

この新工場の建設にあたって佐藤は、これまでの味噌づくりの改善策や、昔ながらの味づくりが可能な機械や器具の開発を行うために自ら青写真を描いた。そして、そのためのコンセプトとして、「装置を極力単純にし、修理が自前でできる構造」を掲げた。つまり、高価な既成品を安易に設置することを避けたわけである。

新たに工夫した機具の代表として「浸漬・投入機」が挙げられる。二〇〇キログラムの米を浸漬したあとに蒸気槽に投入する際、動力を使わずに人力で操作できるもので、炭鉱で使われていたトロッコを参考にして佐藤はつくった。

大豆を蒸す圧力釜は、六〇〇キログラムの蒸しと煮込みが併用できるように、蓋の形や蒸気配

表3　佐藤が考案した味噌づくり関係の施設と機械　（作成：佐藤隆）

施設・機械	目　　　的	メーカー	購入価格
原料庫（2012年完成）	ダイズ・米・オオムギ・塩の一次保管（収穫・乾燥後の原料）、防虫・防鼠対策に粘着マットと補虫器	地元の工務店	8,700,000円
原料庫・出荷場（2012年完成）	ダイズ・米・オオムギ・塩の二次保管（一か月分の原材料）、原材料の選別処理・色彩選別含む・惣菜等の出荷	地元の工務店	9,800,000円
製造所（2010年完成）	洗穀→蒸煮→製麹→仕込み→調製の工程処理。調製（ミキシング）工程は冷蔵庫内の衛生区域。	地元の工務店	65,100,000円
熟成・貯蔵庫（1996年9月完成）	森の低温場所に設置・基礎に炭埋設。1～5年以上の熟成と貯蔵	地元の工務店	6,400,000円
充填・出荷場（2010年完成）	充填→包装→検品→梱包→保管→出荷の工程。惣菜加工場も施設に併設。	地元の工務店	13,600,000円
洗穀機（2002年購入）	米、ダイズ、ムギを、手もみ洗いする要領をもとに設計されたもの	（株）東京菊池商会	3,350,000円

管をステンレスで改良・製作している。また、真空ポンプを圧力釜に取り付けることで空気中の雑菌が侵入しないという冷却方式を考案している。

そして、味噌製造全体の基本作業となっている「掘る」、「ほぐす」、「混ぜる」などの作業に使用する器具は、農作業などで使っているスコップや鍬などの道具を参考にして、味噌や麹《こうじ》の性質に適応したステンレスや繊維強化プラスティック（FRP）でつくったものを使用している。

この道具についてひと言説明しておこう。味噌製造の発酵活動を担っている麹菌、乳酸菌、酵母菌などの微生物は職人の手の温もりを一番好み、次が手に握っ

図1　やさか味噌製造所の見取り図　　（作成：佐藤隆）

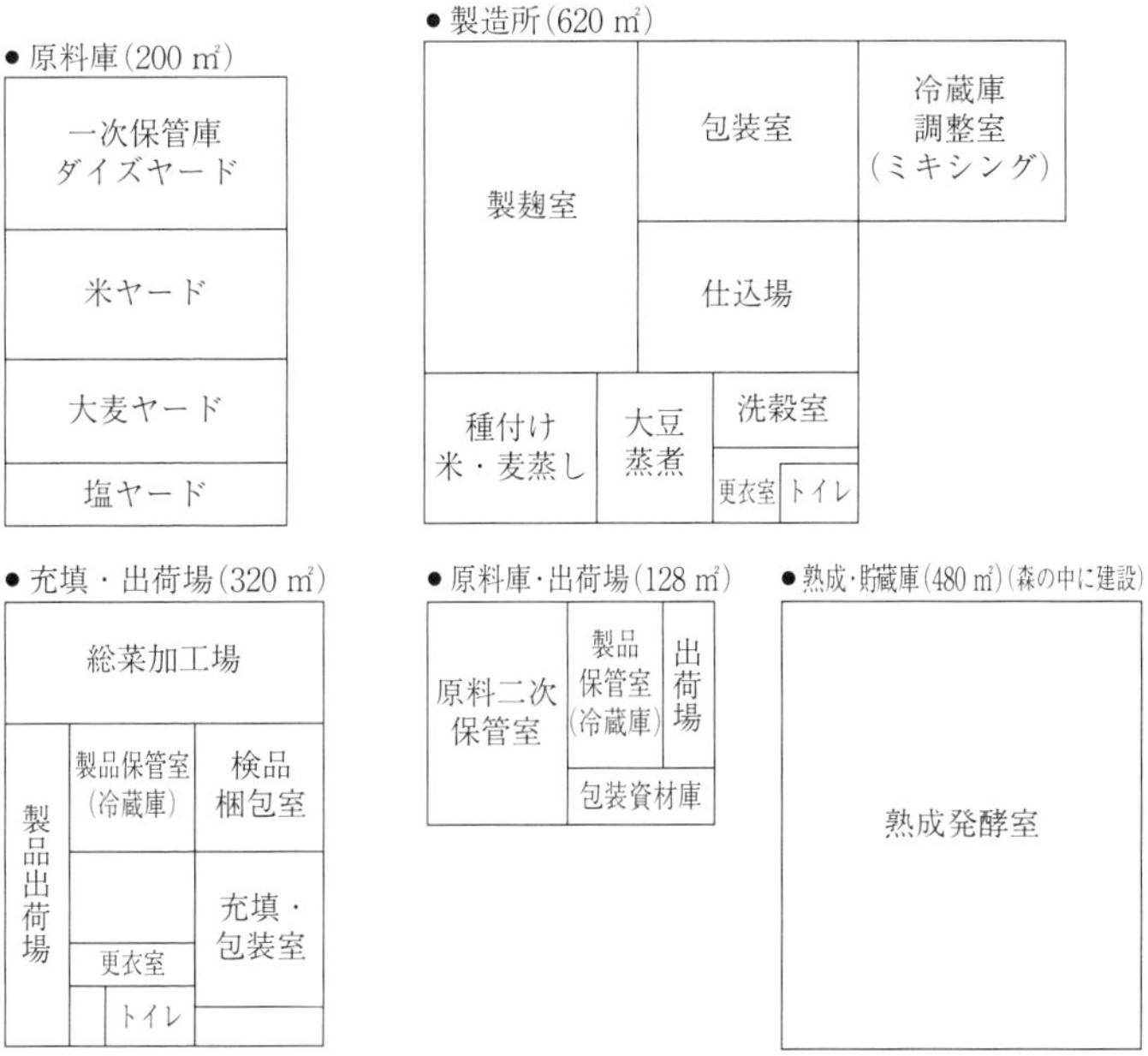

ている道具で、最後が機械という順番である。言うまでもなく、佐藤は極力、各作業工程において微生物の働きが活発になるように努めている。

このようなこだわりをもってつくられる「やさか味噌」の詳しい製造工程を、農文協から刊行されている『地域食材大百科（第一〇巻）』（二〇一三年）に佐藤自らが書いた記述を引用して述べておこう（表記方法は改変）。ここで紹介するのは「中辛口味噌」の製造方法であるが、同書には「甘口味噌」、「白味噌」、「麦味噌」の製造方法も書かれているので、興味のある方はご覧になっていただきたい。

（4）昔ながらの味づくり

中辛口味噌は、こうじ歩合（原料米重量／ダイズ重量×10）は8、塩分約一二パーセント、熟成期間一五か月。弥栄地域に昔からつくられてきた方法によるものである。

○**洗穀**――甘口味噌にも共通していることだが、米は少量ずつすり合わせるようにして洗い、三回以上素早く水をとり替えて洗うのがコツ。濁った洗い水だと吸水が悪くなる。ダイズは洗いすぎると皮がとれて破砕粒《はさいりゅう》になるので、二倍以上の容量の水でさっと洗う（写真1参照）。汚れたりひねたダイズは、湯通ししてから洗う。

○**浸漬**《しんせき》――米、ダイズともに、浸漬する時間は同じで、水温が一八〜二〇度なら一二時間が目安になる。水温が低いほど、また材料が古いほど浸漬時間は長くなる。また水の量は、ダイズは容量の三倍、米は水深一〇センチメートルぐらいを目安にする。

米は水切りの時間が三時間は必要。ダイズは脱水後すぐに蒸しに入る。ただ、浸漬がうまくいっているかどうかを、ダイズを断面に切って、中央にすき間がなくなっているかどうかを確認し判定する。

写真1　細心の注意を払う洗穀作業

図2　やさか味噌の製造工程（中辛口味噌の例）

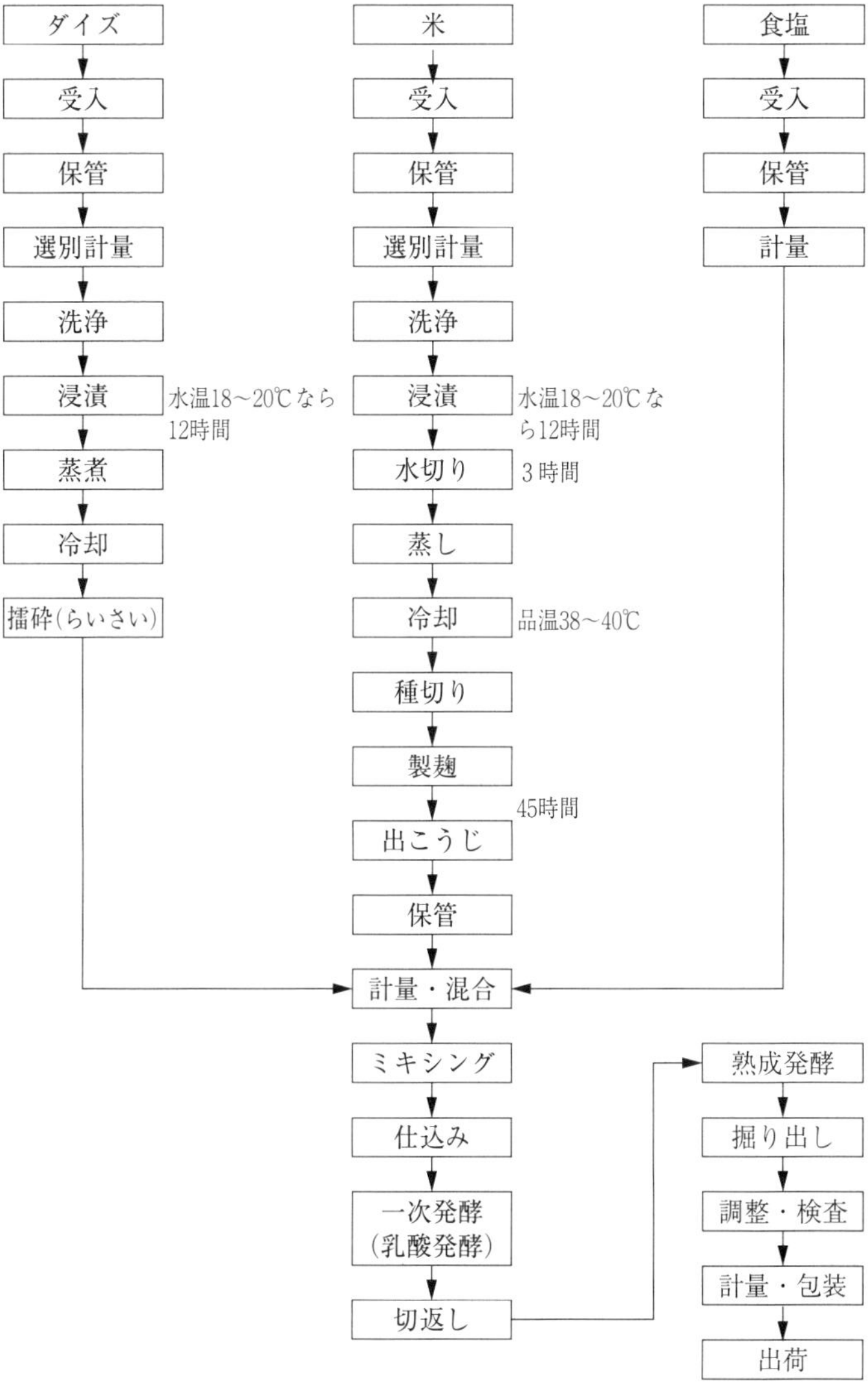

○蒸し――ダイズは、蒸気が抜け、脱気が十分完了してから圧力を〇・五キログラム／平方センチメートルに設定する。脱気が不完全だと、蒸しむらが生じる。設定圧力になってから二〇分で蒸し上がる。

米はせいろに入れるときに押さえつけないように注意する。蒸気が吹き抜けて三〇分までは水分の多い蒸気をゆっくりかけ、残り一〇分は少し乾いた蒸気を強くかけて、蒸し米の表面のべたつきをなくすようにする（写真2参照）。蒸し米に芯がないかどうかを判別するには、蒸し米で卵大のもちをつくり、薄く広げて米粒がなければよい。

○冷却・種付け――冷却器に蒸し米を盛って粗熱を取り、品温三八〜四〇度に冷ます（写真3参照）。空気に直接触れさせないために、上に布をかぶせる。蒸し米の最適な状態は軽く握った時に弾力性があり、米の表面がしっとりしている点にある。

こうじ菌の重さは米の一〇〇〇分の一を目安にし、蒸し米にこうじ菌を擦り込むようにすばやく作業し、品温が三五度以下にならな

写真2　洗穀した原料を二重蒸気槽に入れる

写真3　手早さが必要な蒸し米冷却

いように注意する。また適度の湿り気を保つこと。蒸し米の重量は米のときの一・三倍になる。

○**製麹**――箱麹には、もろぶた三枚分（縦横六〇センチ×九〇センチ、高さ一五センチ）の木箱を用いる。この木箱に敷き布と掛け布を使ってこうじを包んでつくる。品温の調整は、二枚の木ぶたとこうじをほぐす手入れ作業で行なう。こうじの完成まで四五時間かかり、その間、五回の手入れがある。一箱のこうじ量は約一〇キログラムで、はぜ込みのよい、分解力の高い酵素をもったこうじができる。

なおこうじ菌は、京都にある「菱六」という種麹屋から購入している。中辛口、甘口には、胞子が緑色の米用新菌を使用している。製麹工程は次のとおりである。

❶引き込み（初日午前一一時、品温三五度↓三〇度）：品温三五度の蒸し米を湿らせた敷き布を敷いた麹床に種付けした蒸し米を広げる（写真4参照）。室《むろ》の室温は三六度、湿度は九八パーセントに保つ。四～五時間でこうじ菌が発芽する。

❷切返し（初日午後一〇時、品温三三度↓三〇度）：品温が三三度以上に上がっていれば、米をほぐして三〇度まで下げる。室温と品温の差は約五度。掛け布を湿らせてのせ替える。

❸盛り（二日目午前六時、品温三五度↓三三度）：保温を切る。こうじ菌が米の芯まで入っていれば淡泊に見える。箱の一個ずつ移して、薄く広げてほぐし、掛け布をのせる。これ以降は冷却と除湿の工程になる。室の温度と湿度は一定に保つ。

❹中仕事（二日目午前一一時、品温三六度→三三度）：こうじ菌が繁殖し、米の表面に菌糸が伸びて白くなってくる。ほぐして攪拌する。

❺手入れ（二日目午後五時、品温三八度→三六度）：こうじ菌が七〇パーセントほどはぜ込んでいる。菌糸の特徴として、米の品温が三五度以下だと縦（芯の方向）に伸び、三五度以上になると横（表面の方向）に伸びて米が白くなる。この工程も、ほぐして攪拌する（写真5参照）。

❻仕舞仕事（二日目午後一〇時、品温四〇度→三七度）：最後の手入れ、米同士が菌糸で固まってくる。掛け布をはずしてふたを少し開け、水分を除いて品音を三度ほど下げる。

❼出こうじ（三日目午前八時、品温三八度）：敷き布からこうじをほぐすように外して、仕込みようの容器に移していく。固まったこうじを米粒状にほぐして完成する。

○混合（仕込み）——蒸しダイズとこうじが均一に混合するように

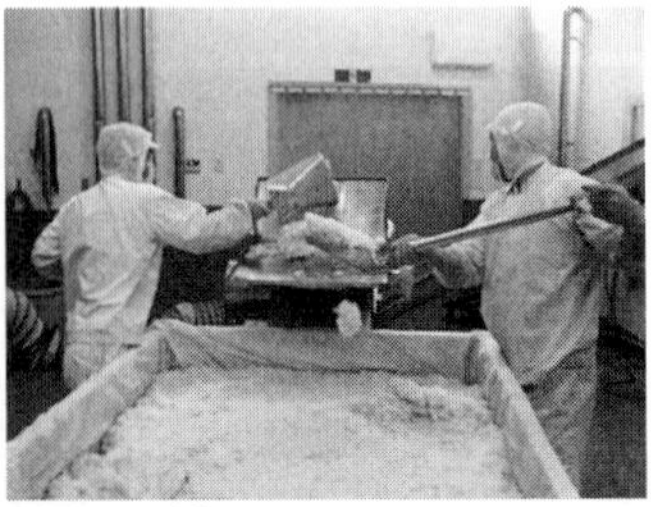

写真4　室《むろ》にこうじを引き込んでいる様子

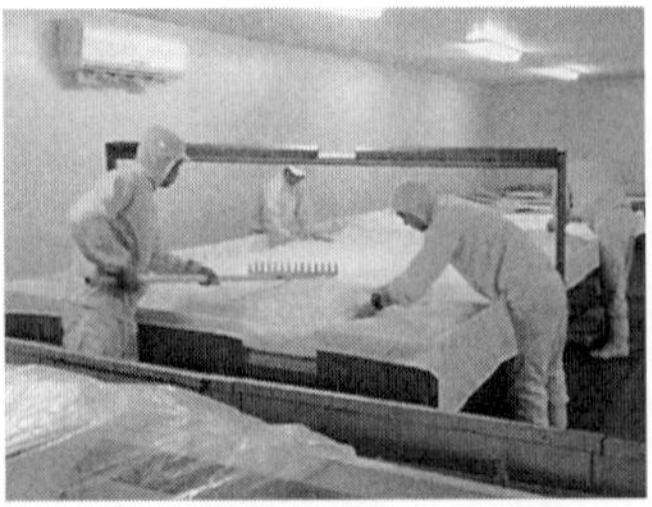

写真5　味噌の良し悪しを決めるこうじの手入れ

攪拌し（写真6参照）、樽の表面に自然塩を全体に薄く振りかける。中辛口味噌はダイズの割合が多いため、塩の量には特に注意する。種水はこうじの水分が多いほど少なめに調整し、仕込み味噌の粘性が耳たぶの軟らかさになるようにする。網目六ミリのチョッパーにかけ、ダイズが四つに割れる程度につぶして、仕込み樽に隙間ができないように押さえながら詰めていく。

○**一次発酵**――仕込み樽には、重量の二〇パーセントの重石をのせる。四～五か月で乳酸発酵がピークに達する。ふたの表面に少したまりが現われ、pHが酸性（5.2）になり、味噌の容量が一〇パーセントほど膨らむ。一次発酵のピークを過ぎると容量は元の状態に戻り、蒸しダイズを潰した時の白っぽさが消えて味噌らしい黄味を帯び、味噌の塩なれと光沢がこの時期に生まれてくる。

○**切返し**――空気中の耐塩性酵母をとり込んでの熟成発酵に切り替えるために切返しを行なう。スコップで味噌をこまめに切り崩して空気にさらしていく。

一次発酵が完了したらすぐに行なう。

○**熟成発酵**――切り返した味噌樽には、重量の一〇パーセントの重石をのせる。こうじに含まれる酵素と酵母菌の力で、一〇か月かけて熟成発酵が行なわれる。熟成させる貯蔵庫は森の中にあり、冷涼な環境だ。毎月一～二回、たまりの対水食塩濃度、味噌の抜き取りによるダイズと米の発

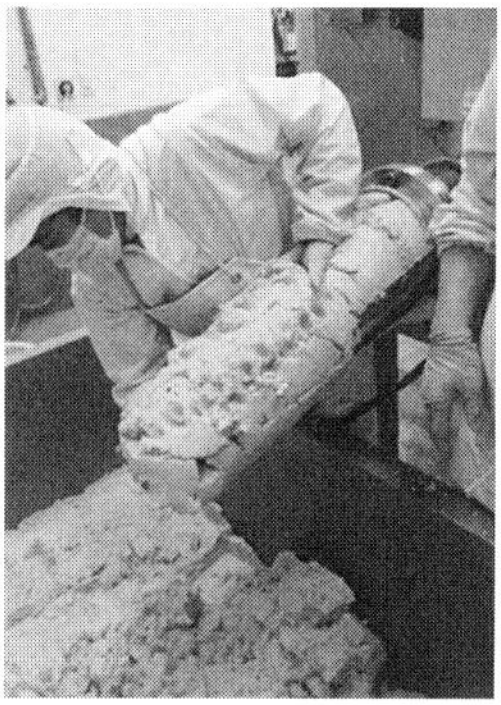

写真6　均一な混合に気を付ける仕込み作業

酵による分解を調べるヨード反応、官能テストを行ないデータ化している。

中辛口味噌はダイズの量が米こうじより多いために、製麹時は品温が低い。そのため、ダイズのタンパク質を分解する酵素が多く含まれる床に近い棚のこうじを使用する。また、仕込み味噌の品温も二五℃前後に調整する。

○充填・包装——熟成発酵を待って、五〇〇グラム入り、七五〇グラム入りなど製品ごとに充填し（写真7参照）、ラベルを貼って包装し（写真8参照）、出荷となる。

以上が、弥栄のおばあちゃんから教わった味噌づくりの方法を、佐藤なりに工夫を重ねてつくり出した製造工程である。筆者なりに、その工程を少し補足しておこう。

まずは、味噌の発酵に必要とされる麹づくりである。一般的には、原料の米や麦をコンベアで運ぶ途中に高温の蒸気をあてて急速に蒸すという方法がとられているが、共同農場では昔ながらの水を沸騰

写真7　計量、充填の作業

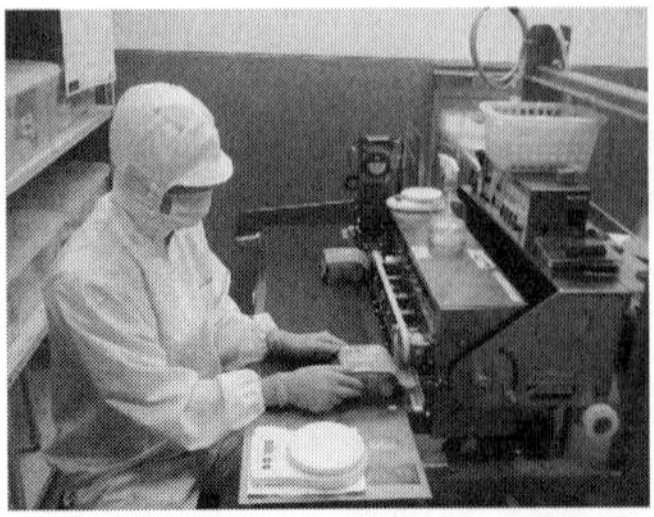

写真8　脱気してシール（接着）貼りを経て製品の完成

させた湯気を使い、三枚の布袋に分けた原料を一枚ずつ蒸し器（蒸篭）に入れ、湯気が上ってきたら次の布袋を入れる「吹き抜け方式」を行っている。

この方法では、蒸気を原料に直接あてる方式に比べると発生する湯気の量が少なく噴射力も弱いため、原料を薄く敷いて数回に分けて蒸していく必要がある。しかし、この湯気は高温の蒸気に比べると水分をたっぷり含んでいるため、米や麦の芯までがしっかりと蒸し上がるほか、高温による水分の蒸発を最小限に抑えられるため、麹《こうじ》菌の繁殖を良好に進めるという利点がある。

次は醸造法であるが、こちらも大量生産される一般の味噌とは一線を画しており、無添加・加温をしないという天然醸造を行っている。つまり、乳酸菌や酵母菌を添加せずに、「切り返えす」という昔ながらの菌を取り込む方法で製造されているのだ。多少なりとも機械化され、製造ロットが多くなった現在でも、味噌づくりをはじめたときと同じく、おばあちゃんがつくってい た方法を踏襲しているということである。

また、常温保管に関しては、市販の味噌の大半は出荷後の発酵や炭酸ガスの発生を抑制するために、味噌に対してアルコール添加と加熱殺菌を行っているが、やさか味噌の場合は味噌本来の風味や旨みを守っていくためにこの処理は行っておらず、長期間の熟成によって酵母菌を一グラム当たり三〇〇〇個以下にしたうえで、冷蔵庫保管や青かびなどの雑菌の繁殖防止用に包装されたアルコール製剤を添付することで常温保管が可能となっている。

(5) 販売の工夫――消費者参加型農業の実践

「弥栄郷共同体」と名乗っていた当時から共同農場は、大阪市内や広島県内に味噌の販売や、ワークキャンプの勧誘や消費者交流などを行うための拠点を設置して、それぞれ一名の専任を配置していた。この拠点の設置は、有吉佐和子が著した『複合汚染』(新潮社、一九七五年)が大きな話題となった時期と重なり、公害や食の安全などが社会問題化していたときである。大阪の拠点でも、消費者の「安全で安心な食料を購入したい」というニーズを的確につかまえることができ、しかもその後のさらなる意識の高まりとも歩調があい、とくに生活協同組合などの発展とともに共同農場の販売額も増加していった。

現在、このような関係はさらなる広がりを見せている。有機農産物や有機加工食品を取り扱う全国の生協や販売会社とつながりをもち、それら通して購入される消費者との交流も盛んである。流通面における主な団体としては、「大地を守る会」、「パルシステム生活協同組合連合会」、「生活クラブ事業連合生活協同組合連合会」、「らでぃっしゅぼーや」などが挙げられる。これらの団体の概要と取り組みに関しては「第4章」にて詳しく紹介させていただいたので、そちらのほうを参照していただきたい。なお、そこでは、就農や田舎暮らしを考えている人たちに贈るメッセージも掲載させていただいている。

ここでは、共同農場はどのようにして「やさかファン」を拡大していったのかについて簡単に述べることにする。

一番強調しないといけないこと、それは代表である佐藤のポリシーである。ＰＲなどを考え合わせれば、共同農場のつくる味噌を単に売るだけでは他産地や競合する業者にかなわないが、弥栄の魅力を理解してもらったうえで「やさかファン」になってもらえれば、その結果として消費者がやさか味噌を手に取ってくれる、という考えを佐藤は基本としている。そのため共同農場は、消費者に対して田植え体験などのイベント情報を提供している。生産規模の拡大が難しい有機農業は、消費者が生産者と一緒に農業体験をすることで農村の暮らしに興味を抱いてもらうという「参加型農業」と言えるかもしれない。

そのほかにも、売ることは二の次に考えて、まずは消費者に手づくり味噌の味、つまり「手前味噌」を知ってもらうことにも力を注いでいる。毎年、味噌を仕込むのに適している冬期に消費地まで赴き、販売先と共同農場の職員が協力して手づくり味噌の手ほどきをするという講習会を開催しているのだ。(2)

講習会の場で佐藤は、参加者に対して「みなさんがつくる味噌が一番美味しい。共同農場の味

---

(2)　二〇一一年には、関西と首都圏で一一回も実施している。

噌はその次です。みなさんの味噌がなくなったら、共同農場の味噌を買ってください」と言って、場を和ませながら味噌づくりについて説明しているようだ。また、講習会で学んだ消費者が自宅に帰ってからも味噌づくりができるようにと、「手づくり味噌セット」（一セットの重量は二〜五キログラム。三〇〇〇〜六九〇〇円）もあわせて販売している。

このような活動が「やさかファン」を推進させ、リピーター率も高くなり、安定した顧客確保につながっている。

共同農場が発展すればするほど、生活協同組合などの販売先だけでなく消費者からの要望が多くなるのは自明の理である。要望が多くなるということは、販売先との打ち合わせの際に新商品の提案もしやすくなるということである。またその場において、消費者からのコメントも直接聞けるようになった。

佐藤富子による手づくり味噌の講習会

その結果、当初は一種類の味噌の加工・販売であったものが現在では商品が多様化し、味噌も甘口、辛口、中辛、白味噌と種類が豊富になったほか、大豆の煮豆や金時豆、そしてトマトジュースやタカノツメなどといった三〇種類以上の加工品を製造・販売するようになった。もちろん今後も、消費者の多様な志向をふまえて増加していくことが予想される。

（6）経営の工夫

共同農場の組織は、代表取締役のもとに「生産」、「営業」、「経理」、「交流」の四部門体制となっている。また、各部門の小グループごとに責任者を配置するとともに、連携が必要な生産と営業グループの間ではチームリーダー会議が開かれており、グループ間、職員間の情報や意識の共有に努めている。

先ほども述べたように、共同農場は設立当初から消費者との交流を経営の柱として取り組んできたわけだが、これを担当する部署として、同業他社ではあまり見られない「交流部門」が設けられている。これまでの交流の内容としては、田植え、稲刈りツアー、オーナー制度とともに、地域の若者が主体的に行う地域づくりへの支援やアジア諸国からの研修生の受け入れなどが挙げられる。これらはすべて、「共同農場の発展は弥栄の魅力のうえにある」という信念に基づいたものである。

そう言えば、『俺たちの屋号はキョードータイ』でも、「弥栄のような過疎の村では都市と結びついていかないと生き延びられない。それは単に生産物による収入が見込めるというだけではなく、都市の人たちとの顔を持ったつながりが、村に活力を与えてくれる」（一三八ページ）と書かれていた。

弥栄町の環境や地域づくりに取り組むグループ、特産品、イベントなど弥栄の魅力を消費者に向けて発信することが「弥栄を知りたい、行ってみたい」というファンづくりにつながり、その結果として「弥栄でできる農産物や加工品を食べてみたい」というニーズの広がりが期待できる。このような交流事業の主役は、言うまでもなく弥栄町内の人たちである。共同農場は、特産品づくりの助言や他

「ゲームより楽しい！」と言って稲刈りをする少女

業種との橋渡しを行う「縁の下の力持ち」という存在でしかない。

（7）共同農場を支えるための人材育成の変遷

共同農場の経営基盤が大きくなればなるほど、製品をつくるための人材が必要になる。それも、共同農場が掲げるポリシーに添った人材でなければならない。

これまでに述べたように、共同農場は設立以来、関西の学生などを対象に農業や農村の体験を行う研修事業を四〇年間にもわたって続けている。「ワークキャンプ」という形ではじまった研修事業も、移り変わる時代背景によって趣旨や目的に多少の変化が見られ、現在は「農村塾」という形に変わっている。少し繰り返しになるが、その変遷を簡単に説明しておこう。

ワークキャンプ

共同体建設を目指して旧弥栄村に来たとき、佐藤らが初めてした仕事は、カヤ（ススキ）に覆われた耕作放棄地を野菜がつくれる畑にすることだった。資本がなく土木機械のない共同体は、その作業のすべてを人力に頼っていた。この人力による開墾作業は共同体のメンバーを中心に行ったわけだが、春や夏には「ワークキャンプ」の名のもと、農業や農村の体験をするために集まってきた大学生も参加して賑やかに行われていた。

このワークキャンプは、共同体建設という新しい社会をつくる志を抱きながらの開墾作業であり、共同体のメンバーが若者たちに作業の内容や方法を教えてはいたが、あくまでも同等の立場であり、仲間という関係であった。ワークキャンプを通じて、共同体の仲間づくりが進んだことも事実である。

コミューン学校

昭和五〇年代（一九七五年〜）に入ると、「過疎が進む農村に新しい農村社会を建設する」という若者の意識も、次第に「農業と田舎暮らしの体験のなかで、有機農業の技術や自給的生活力を身につける」（『俺たちの屋号はキョードータイ』二五二ページ）というような考え方に変わっていった。そのため、「ワークキャンプ」ということでは若者が集まらなくなってきたので名称を改め、一九八五（昭和六〇）年からは「コミューン学校」として再出発している。

コミューン学校では、ワークキャンプの内容に加えて農家での実習を加えるなど、地域に入り込むというカリキュラムを盛り込んだほか、春・夏の定期研修に加えて、一年間という長期研修も新たに取り入れた。このときから、コミューン学校にやって来る若者との間に変化が見られるようになった。つまり、ワークキャンプのときの仲間という関係から、教える側と教えられる側に分かれるようになってきたのだ。

一九八六年からは、子どもを対象にした「こどもコミューン学校」（通称、ちびコン）もはじめている。その趣旨は、「子どもたちに、都会とは違う価値観で働く村や自然、共同性を大切にした生活などを体験してもらい、長い目でみた次の世代への継承を目指そう」というもので、四泊五日の期間で行っている。「ちびコン」は毎年好評で、定員の三〇名もすぐに埋まってしまうほどだった（前掲書、二二八ページ参照）。

弥栄村教育委員会の協力のもと、隣接するふるさと体験村を利用して行われていた「ちびコン」だが、平成の初めに「ふるさと弥栄体験村」の行事として実施主体を移行している。もちろん現在も、第１章で紹介したよう

足をとられながらも楽しい田植え体験

なさまざまな体験プログラムを用意するなどして、県外に住む親子づれが夏休みなどの期間を利用して弥栄の自然を満喫している。

弥栄村農芸学校

共同農場は、これまで独自に行っていた都市の若者を対象にした農業研修事業を模様替えし、第3章で紹介する佐々本芳資朗を中心とした青年セミナーの若者たちとともに「弥栄村農芸学校」（事務局・共同農場）を一九九六（平成八）年に立ち上げた。農芸学校を卒業した人のなかには、目的通り弥栄に残った人もおり、他県ではあるが就農した人もいる。

農芸学校の内容については、『エコミュージアム――二一世紀の地域おこし』（小松光一編著）で説明されているので、要約して紹介しておこう。

家の光協会刊、1999年

「農芸学校は、春と夏に行う三週間程度の短期研修プログラムに加え、弥栄に定住、あるいは半定住的に住んでみたいという人たちを対象にした、一年間という長期の農村生活者を募るプログラムも用意した。当初の短期研修には、定員二〇名程度に対して九〇名もの応募があるなど大き

な反響を得た」（四一ページ）

共同農場と弥栄の若者たちが協働して取り組んだ弥栄村農芸学校は、二〇〇一（平成一三）年に同じく両者が立ち上げていた「ＮＰＯ法人ふるさと弥栄ネットワーク」の一つの部門として統合されている。また農芸学校は、二〇〇〇年（平成一二年）に独自の担い手育成対策として旧弥栄村が発足させていた農業研修制度と連携し、県外から弥栄に来られた人たちの受け入れ農場になるなど、役場と協働した学校運営を行っていた。

この農芸学校の元部長で、弥栄にやって来た若者に対して圃場の提供や野菜などの栽培技術の指導などを行っていたのが、野坂集落で早くから有機農業に取り組み、共同農場を通じて野菜の販売を行っていた串崎文平（当時六五歳）である。串崎のプロフィールや活動については第４章で詳述しているので、そちらを参照していただきたい。

このように、行政主体ではない、全国でも珍しい弥栄村農芸学校であったが、事務局担当者が結婚で弥栄を離れたことや、理事長である佐々本も市役所職員としての仕事が忙しく農芸学校の企画や運営にかかわることができなくなったことから、二〇〇八（平成二〇年）に共同農場単独の運営に移行した。

一九九九年、この弥栄村農芸学校に東北大学病院（仙台市）の医師が入学した。現役の医師が農業研修にやって来るということは前代未聞で、当時は大きなニュースとなった。後年、その医師を紹介した読売新聞（二〇一二年一〇月一二日付）の記事には、「長男の誕生を機に、『自分が働く姿を子どもに見せられるような環境で育てたい』と農家になることを思い立ち、旧弥栄村（現・浜田市）に移り住んだ」という本人のコメントが掲載されている。

医師の名前は第1章で紹介した齊藤稔《とし》哲《あき》。農芸学校の研修終了後、一時、共同農場に就職して営業部門を担当していたが、残念ながら農家にはならず、浜田医療センターで二年間の研修を受けたあと、隣町の金城町の波佐診療所をはじめとして浜田市の地域医療に九年間にわたって

医師としての再出発を激励する森里の人達が行った「齊藤先生ありがとう会」（2001年）下段中央が齊藤親子

従事された。前掲の新聞には、次のような記事も掲載されている。

「村で二年間の農業研修を受けたが、農業の厳しい現状を知り、『ここでなら地域社会に関わりながら医療ができる』と地域医療の道へ方針を転換した。専門外の内科や整形外科の医療研修も受け、同村の山間部にある診療所に赴任した」

記事にもあるように、齊藤医師は家族とともに弥栄に移り住んだ。ご自身は金城町にある波佐診療所などに通勤したわけだが、奥様の千絵子さんはお子さんと一緒に弥栄町内の農地を借りて野菜の栽培を行うなど、弥栄に根付いた生活をしていた。そんな千絵子さんと輝樹君の様子は、〈やさかタイムズ〉にて写真付きで紹介されている。

現在、齊藤先生は、「医師不足にあえぐ被災地を支えたい」と考え、二〇一一年三月一一日の東北大震災で被害に遭わ

2001年9・10月号　第2号

やさかタイムズ

やさかタイムズ編集局　発行責任者／ありま　みき

Eメールアドレス　sennin・g@sx.miracia.ne.jp

主な記事

農芸 学校畑

これからの弥栄村！

やさかの魅力 VOL.1

	～14才	65才～	総人口数
平成13年8月	209人 (11.3%)	731人 (39.6%)	1,846人
平成10年9月	210人 (11.3%)	727人 (39.1%)	1,859人
平成 8年9月	234人 (12.2%)	702人 (36.7%)	1,912人

弥栄村人口推移表（1-1）

千絵子さんと輝樹君を紹介する〈やさかタイムズ〉（2001年9・10月号・第2号）

れた宮城県気仙沼市の本吉病院に副院長として勤務しており、故郷である東北復興のために日々活躍されている。

齊藤先生に本書の発刊のことを伝えたら、就農や田舎暮らしを考えている若者に対してのメッセージを送っていただいたので以下に紹介させていただく。農業を職業とすることの厳しさを身をもって体験された齊藤医師のメッセージ、あなたの心にはどのように響くのだろうか。

生きる糧をつくること、人とつながること

齊藤稔哲

私は一九九九年に農業研修生として弥栄町にやって来ました。それまでは医療に従事していましたが、生きることの根幹を支える、生きることそのものである食物をつくるという仕事をしたいという気持ちと、子どもが生まれたことを契機に、生命を支える糧を自分たちでつくっていく環境で子育てをしたいという理由から農家になろうと決めました。

農業をきっかけに弥栄に飛び込みましたが、地域での役割を担いつつ、仕事としてだけではなく、そこに住む民としてみんながつながり支え合って生活している弥栄の生活に、共同体としての地域社会のあり方を学び、二年間の研修のあとは、この地で生活を続けていくために、自分のできる役割を医療という形で担いつつ、自分たちが食べる分をつくるという形

で農にかかわることにしました。

　これから田舎暮らしや農業を志そうとするみなさんには、産業としての農業に加え、生きる糧をつくる仕事としての農業の魅力や、エリアとしてではなくコミュニティーとしての地域の魅力を感じてもらいたいと思います。

農村塾

　共同農場（共同体）の仲間づくりとしてはじめたワークキャンプも、コミューン学校、弥栄村農芸学校といった具合に、社会情勢の変化や研修生の意向などによって名称とともに内容も変わっていったが、「人間集団の醸し出す妙味は変わらない。今まで全く顔も知らぬ同士が、この期間共同生活を送るわけだ。しかも仕事も共にして。そこにその集団としての意思が現れてくる。集団が一つの生き物のようにいろんな表情を見せる。個人が集団全体を見ながら自分の動きを考え始めたら、それは一つの成果だ」（『俺たちの屋号はキョードートータイ』一六ページ）という研修の意義にぶれは見られない。それを証明するように、二〇一〇（平成二二）年には弥栄村農芸学校を「農村塾」としてリニューアルし、共同農場の佐藤自らが塾長を務めることになった。

　塾生は全国から応募を募り、期間は一年単位で最長二年としている。参加費は無料で、宿舎もあり、生活費と食費として七万円が塾生に支給されている。これまでに六人が参加しており、共同農場に雇用された人もいる。

現在、多くの県や市町村が担い手確保のために各種の支援制度を設けているが、その多くは定住条件などがついている。しかし、共同農場にはそのような制約がない。これは、共同農場の雇用対策ではなく、あくまでも農業を志す人を支援する制度となっているからである。就農を希望する若者にとっては選択肢が広がる夢のような話であるが、その選択、決めるのは若者自身である。

ここまで共同農場の四〇年間の取り組みを紹介してきたわけだが、共同農場だけの力で現在の会社が構成されたわけではない。苦しいときや危機のときに適切なアドバイスを授け、援助してくれた人たち（仙人のお使い）が現れている。その仙人たちによって経営発展という上位のステージに上がることができたわけである。つまり、現在の成功は、このような人たちなくしては語られないということである。次章では、そうした人たちを紹介していきたい。

第3章

やさか共同農場の転機を支えた仙人たち

関西の支援者の融資で建設した味噌製造施設（1985年）

仙人とは、「突然現れ、さまざまなアドバイスを行い、そして突然に消えるという」という伝説的な存在である。共同農場の背後に聳える弥畝山《やうねやま》は「霊験あらたかな山」とも言われている。また、弥栄町《やさかちょう》の長安《ながやす》地区にある長安八幡宮の大杉には仙人が宿るとも地元では伝承されてきた（三七ページのコラム参照）。共同農場の発展を振り返ってみた場合、この仙人は伝説ではなく、弥栄町に実在するのではないかと思えてならない。

先にも紹介したように、一九八五（昭和六〇）年に弥栄の若者が集まり、地域づくりを行う組織として「青年セミナー」を立ち上げているが、彼らの活動の一つとして「やさか仙人」というお酒の醸造がある。このお酒は地元の米と水を使って醸造されるもので、隣町の三隅町にある日本海酒造株式会社の協力を得てつくられたものである。ひょっとしたら、彼らも「仙人」という存在を意識をしていたのかもしれない。

共同農場の前進である共同体のメンバーたちが、「生活と生産の場が一つになった共同体の建設」を夢見た地として弥畝山の麓を選んだわけだが、さすがに彼らが仙人の存在までを意識していたわけではないだろう。仮にそのような伝説を知っていたとしても、仙人を期待するような彼らではなかっただろう。

一九七二（昭和四七）年に旧弥栄村に来て四〇年、佐藤らの共同農場は、先にも述べたように有機農産物や有機加工食品を生産し、消費者に支えられて売上額三億円を超える企業へと発展してきた。また、人口の減少、過疎化に悩み、しかも農業のほかにはこれといった産業が育っていない弥栄町にとっては、パートタイム職員を含め三〇名を超える雇用を創出する共同農場は、地域の活性化や定住促進のコアとなっている。

このように地域を支える会社にまで育ってきた共同農場であるが、四〇年の間、いくたびの経営的な問題や課題があったし、危機にも見舞われている。「今、思い返えすと、その時々に適切なアドバイスをしてくれた人たちがいた」と、佐藤は述懐している。そして、その人たちに対しては次のように言っている。

「これまでの四〇年間、時に共同農場が危機に見舞われたとしても、それを乗り越え、発展できたその原動力やエネルギーは、その時々に現れた人たちがもたらしてくれたものと感謝している」

そんな人たち、疾風の如く通りすぎた人もいれば、長年にわたって共同農場とともに活動している人もいる。そのような人たちを「仙人」と呼んでいいのかと悩むところだが、筆者は、少なくとも「仙人」の名代として共同農場に現れた人たちである、と断言したい。

仙人の影があるとしても、共同農場のメンバーが、突然現れた人たちのアドバイスを受け入れ、実行してきたという事実も見逃すことができない。他者を受け入れるだけの柔軟性があったこと、それが成功の鍵であったと思われる。

「過激派の残党」とか「偽名を使っている」とまで言われ、地縁も縁故も知人もいない旧弥栄村にやって来た佐藤らのことを考えると、『水滸伝』に出てくる「梁山泊」をイメージしてしまい、単なる偶然の出来事として片づけることができない不思議さを感じてしまう。共同農場に現れ、佐藤らに大きな影響を与えた三人を以下で紹介していきたい。

1 堀江修二（七七歳）——仙人からのミッションは企業的な味噌づくりの伝授

堀江は、一九五四年、県立出雲産業高校工業化学科を卒業し、その年の一二月に食品製造の研究員として島根県工業試験場に採用され、主に酒の醸造に取り組んでいた。醸造に関して知識の少なかった堀江は、酒造会社に出向いて杜氏《とうじ》に醸造のイロハを学んだという。そして、一九七〇年、三五歳のときに工業試験場浜田分場（のちに工業技術センター浜田工業技術指導所）に異動してきた。

堀江と共同体の出会いを説明するためには、彼の趣味である渓流釣りについて説明しなければならない。趣味といっても単なる釣りマニアではない。岩魚《イワナ》属の魚である「ゴギ」の生息調査を行うために釣りをしていた。ゴギは中国地方のみに生息する魚で、イワナとよく似ているが背面にある白点が頭部にまであることでイワナとは区別されており、山陰では島根県の斐伊川から高津川までに生息すると言われている（島根県水産技術センターのホームページ参照）。この区別には諸説あり、ゴギの生息地同様なかなか奥深いものらしい。堀江は、この定説を確認するために休日を利用して奥深い山に入ることにした。

弥栄出身の知人から「三里にゴギがいる」という話を聞きつけた堀江は、それを確認するために藤の花が咲いている三里の渓谷に入っていった。ゴギを求めて渓流を上流へ上流へと登っていったわけだが、突然、開けた笹目原に出たとき、そこに六、七人の若者を見つけた。奥深い山に人がいること自体が驚きなのだが、それが若者であったため「ひょっとして赤軍か？」と直感したという。好奇心の強い堀江は、ちょうど喉も渇いていたことから、水をいただくことを口実に話し掛けてみたという。

その若者というのが佐藤らの共同体のメンバーであったが、初対面の堀江に対して何の警戒をすることもなく、笹目原で取り組んでいる活動を素直に話した。また、その時点で抱えている問題、つまり野菜や米の販売だけでは生活ができず、冬には出稼ぎに出ていることなどを包み隠さず話した。

このときのことを、「初対面にもかかわらず二時間ぐらい話したと思うが、話に夢中になり、時間を感じなかった」と佐藤は振り返っている。一方の堀江のほうは、「過疎に悩む農家を助けに来ている。冬は積雪で何もできないから、大阪に帰っている」と言う佐藤の言葉を鮮明に覚えていた。

このやり取りのなかで堀江は、共同体（共同農場）の将来を大きく変えることになる「味噌づくり」をすすめた。味噌づくりは、堀江が取り組んでいる研究とは決して無縁ではない。

堀江の話を聞いた佐藤らは、これまで大豆を栽培することは考えても、その大豆から味噌をつくるという発想がまったくなかった。それに、「味噌のつくり方は、おばあちゃんたちから教えてもらえる」という堀江のアドバイスにも心が引かれた。おばあちゃんたちと一緒に取り組むことができ、しかも冬場の現金収入につながる仕事の確保は、共同体の課題の一つであったからだ。

早速、共同体は味噌づくりに取り組むことを決め、原料である大豆の栽培をはじめるとともにおばあちゃんたちから味噌づくりを教えてもらうことにした。第2章でも紹介したように、鍵野（佐藤）富子が九州などの農家へ研修に出向くなどして味噌づくりをスタートさせたわけである。

このときの様子を佐藤は、「まるでドタバタ劇のようだった」と回想している。しかし、農家の味噌づくりのまま製造量を多くしたために、大豆を釜で蒸すのに多くの時間とたくさんの薪が必要となるほか、生産性が低いという問題などを抱えることになった。

なんとか試作品ができあがったが、期待したような成果が現れないで困っていたときに再び堀江が笹目原にやって来た。そして、共同体の若者たちが住んでいる家の軒下に高く積まれた薪を見上げて、「ここにある薪一〇本足らずで大豆を蒸すことができる釜を設計してやろう」と提案をした。佐藤らが実行に移すかどうかは別として、浜田工業技術指導所に帰った堀江は、約束通り安い価格で調達できる「薪炊きの圧力釜」の設計図を作成し、知人が経営する鉄工所から見積もりを取ったうえで再度笹目原に出向き、実施に向けた検討を共同体に促した。

大豆を蒸すのに多くの時間を要し、大量の薪を消費していた共同体にとっては「渡りに船」の提案である。早速、「薪焚き圧力釜」の導入を実行に移したところ、飛躍的に味噌の生産量が増え、それまで年間一トン程度の生産量が一〇トン規模にまで拡大することになった。また、味噌の製造量の増加に対応するため、関西の支援者から融資を募って製造工場を建設している。

堀江が共同体に指導した味噌づくりの改善指導はこれにとどまらない。味噌づくりのさまざまな工程に及んでいるが、そのいくつかを紹介していこう。

まずは、麹室《こうじむろ》の設計である。麹は蒸した米に麹菌を植え付けてつくるものだが、その製造過程では、一定の温度を保つことができ、しかも多量の麹の生産ができる室《むろ》が必須となる。このため、工場に隣接する山の斜面に横穴を掘って「麹室」を造ることにした。またその際には、天井から入る空気（吸気）と天井から出る空気（排気）の調節によって一定の温度を保つことができる「野白式天窓」の導入を指導している（八九ページも参照）。

コラム　野白金一（1876～1964）

1903年、東京高等工業（現・東京工大）の応用化学科を主席で卒業し、熊本税務監督局（現・熊本国税局）に鑑定官として赴任し、明治、大正、昭和の50余年にわたって熊本県の酒造業の発展に寄与した。主な業績としては、本文で紹介した「野白式天窓」のほかに、熊本を一躍「吟醸酒」のメッカに育て上げた香り高い「熊本酵母」を生み出したことが挙げられる。全国各地の吟醸酒にも「熊本酵母」やその系統のものが用いられており、「吟醸酒の身元を辿れば熊本に行き着く」と言っても過言ではない。

「野白式天窓」に関しては、周囲から新案特許の出願を進められたそうだが、「そんなことをしたら普及しない。普及しなければ意味がない」と、酒造業界全体のことを考えて断ったというエピソードがある。（「くまもとの酒文化発信処くまBAR」のホームページ参照）

ちなみに、「野白式天窓」を開発した野白金一博士は島根県松江市の出身である。熊本県では「酒の神様」と呼ばれ、「土木の神様」と言われている熊本城を築いた加藤清正、巨人軍において「打撃の神様」と言われている川上哲治とともに並び称されるほどの人物である（「くまもとの酒文化発信処くまＢＡＲ」のホームページ参照）。

次は、麹の原料である米を蒸す機械となる「ＯＨ式二重蒸気槽」の導入である。これは、堀江が杜《とう》氏《じ》とともに開発し、特許も取得している装置である。「ＯＨ」の「Ｏ」は杜氏の頭文字から、「Ｈ」は堀江の頭文字からとっているという。

そして、味噌づくりの過程で排出される汚水処理対策として、微生物を活用した「排水処理装置」の開発も指導している。堀江は、「微生物を活用した汚水処理を指導したのは、下流に生息するゴギやヤマメの生息に影響を与えないよう保護を図るためのものでもあった」と言う。渓流釣りを趣味としていた堀江は、環境に極力影響を与えないような工夫も行っていたわけである。

資金力に応じた味噌の製造工程ごとにおける技術改善を指導してきて堀江のおかげで、共同体の味噌づくりは着実に発展を遂げた。この間のエピソードして、次のような話もある。

堀江が共同体の若者と知り合ったときは、ちょうど警察が彼らを「過激派ではないか？」と警戒していたときであった。当然と言えば当然だが、頻繁に共同体に出向く堀江に対しても警察から疑いの目が向けられるようになった。何度となく職務質問を受けただけでなく、浜田工業技術指導所にまで警察が来たという。そのたびに堀江は、「彼らは、農家の人たちを助けに来ている。決して赤軍派なんかではない、と繰り返し訴えた」と言う。昔を懐かしむように、この話を筆者にしてくれたときの堀江の笑顔が印象的であった。

さて、この堀江だが、そこらにいる並の県職員ではない。一九九六（平成八）年に島根県を退職したあと、二〇〇〇年には鳥取大学から博士号（農学）を取得するとともに、二〇〇四年には前述した「OH式二重蒸気槽」の開発で「第二四回科学技術振興功績者表彰」として文部科学大臣賞を受賞している。また、社団法人日本醸友会からは技術賞（一九九二年）と功労賞（一九九七年）も受賞している。この二つの賞を受賞しているのは、中国四国地方の公設研究機関の職員ではおそらく堀江一人であろう。

なお堀江は、これまでの研究の集大成となる『日本酒の来た道』を出版している。「OH式二重蒸気槽」などの技術開発に向けた杜氏《とうじ》とのやり取りが描かれているこの本、関心のある方は是非読んでいただきたい。

それにしても、弥栄に住む仙人はとんでもない人を使いに寄こしたものである。堀江によって、まったくの素人集団であった共同体の若者たちが、プロの味噌づくり職人として成長を遂げていくことになったのだ。

今井出版刊、2012年

新酒のでき具合を確かめる堀江修二氏（隠岐酒造KK）（写真提供：堀江修二）

2　廣瀬康友（七〇歳）――仙人からのミッションは集落との橋渡し

弥栄《やさか》町《ちょう》門田《かどた》集落生まれの、水田一二〇アール（一万二〇〇〇平方メートル）を所有する人物で、農閑期である冬季は大工として家屋の建築などに携わってきた、いわゆる自営兼業農家である。

広瀬が住んでいる門田集落は、一九七七（昭和五二）年、弥栄町内でいち早く水田の圃場整備（区画整理）を行ったこともあり生産性の高い水田に整備されていたが、個々の農家単位の経営を見ると、担い手の兼業化や高額な農業機械を購入していたために大きな借金を抱えるなど問題が山積みとなっていた。そこで、自治会長らが中心となって集落の将来について話し合いを行い、水田の整備が完了した一九七九（昭和五四）年、集落全員で「門田農業生産組合」（任意組織）を設立し、農業機械の共同購入や農地を集落で耕作するという「集落営農」に取り組むこととなった。

設立当時、廣瀬は副組合長であったが、一九九四（平成六）年に組合長となっている。一九九九年には組織変更が行われて「農事組合法人ビゴル門田」と名称を改めたが、現在に至るまで組合長を務めている。

廣瀬と佐藤の出会いは、一九七五（昭和五〇）年、佐藤らが住む住居が失火で全焼し、プレハブで再建した住居に風呂場や台所の設置を頼んだことがきっかけである。佐藤がその仕事を依頼したのは、廣瀬の大工仕事が「早い、安い、仕上げが綺麗」という村内での評判を聞きつけからである。しかし、その後の二〇年間は一般的な付き合いに終止しており、農業でのつながりが深まることはなかった。

二〇年後の一九九四年、廣瀬が組合長に就任するとともにその関係は一気に深まることになった。共同農場の再起をかけた味噌づくりの原料確保のために、弥栄村内の集落に対して協力を取り付けてくれるという関係にまで発展している。

門田農業生産組合の組合長として集落内の水田二一ヘクタールの経営を任せられた廣瀬は、第2章で紹介したように、水稲と飼料作物のブロックローテーションという全国的に見ても優れた取り組みで農林大臣賞を受賞した年にもかかわらず、これを大胆にも見直し、大豆の集団栽培を考

ブロックローテーションの図を説明する廣瀬

えていた。これは、ほとんど輸入に頼っている大豆の国内自給率の向上と、水稲以外の作物への転換を進めるという国の政策により、転作奨励金の単価が高かった大豆栽培を導入することで組合の経営改善を図ろうとしたものである。

一方、共同農場のほうはというと、メンバーとの話し合いの結果、売上額の約半分を占め、しかも資金繰りにも貢献していた和牛や豚の畜産加工部門などを一部のメンバーに分割・譲渡して個人的な経営に移行していたときである（一九九三年）。この事業の分割・譲渡によって共同農場の売上額は半減し、資金繰りにも支障が生じはじめていた。技術的に自信をもちはじめた味噌を中心にして事業の拡大を図ることにしていた共同農場であるが、いかんせん原料となる大豆の増産については頭を悩ませていたときであった。

もともと農地の少ない横谷集落での大豆の増産は難しい。畜産加工部門を分割・譲渡し、新たな経営戦略をスタートさせたばかりであったが、その実現に佐藤は行き詰まりを感じていたのである。この時期のことを、「四〇年のなかでも一番の経営的な危機だった」と佐藤は述懐している。

共同農場の新たなスタートを図る道筋をつくりながらも、その具体的な行動に出る方策が見いだせないでいた佐藤は、風呂を造ってもらったことが縁で友人となった廣瀬に、「大豆をつくってもらえないだろうか」とさほどの成算もないまま打診してみた。それを聞いた廣瀬は、そのとき、「門田集落としては経営的なリスクは負えないが、門田集落の農地で大豆栽培が可能かどうかの試験栽培を共同農場に請け負ってもらえないだろうかと考えていた」と言う。

排水の悪い水田では収量が見込めない大豆であるが、幸いにも門田集落の農地はいち早く水田の圃場整備を行っていたし、その工事にあわせて野菜や大豆などの作物も栽培できるように、水田の田面下約六〇センチに、土壌中の過剰な水分を水田外に排出させるコルゲート管を敷くという「暗渠排水工事」も施されていた。栽培は可能と踏んでいた廣瀬ではあるが、収穫を行うコンバインは非常に高価な農業機械であるため、試作段階でそれを購入することはさすがに組合員の同意を得ることが難しいと悩んでいた。そこで、まずは共同農場での試験栽培の結果を見たいというのが本音であった。

廣瀬と共同農場のそれぞれの想いのなか、一九九四(平成六)年、門田農業生産組合で大豆の試作栽培が初めて行われたわけだが、一年目にもかかわらずその収量は一〇アール当たり三五〇キログラムとなり、県の目標収量である二五〇キログラムを大きく超える成果を出した。二年間の大豆栽培試験に自信をもった廣瀬は、翌年、大豆栽培の面積を増やすとともに、栃木集落など近隣の集落にも働き掛け、共同農場との協働による大豆栽培を行うようになった。

しかし大豆には、連作すると収量が減るという課題がある。そこで、大豆を栽培した翌年は水田に戻して水稲の栽培を行い、三年目には再び大豆栽培を行うというブロックローテーションを行っている。第2章で紹介したように、この生産方式は門田農業生産組合のお家芸である。廣瀬と佐藤の関係はこれを契機により強固なつながりとなり、それ以後、共同農場に県外から研修にやって来た青年の自営就農を門田集落で受け持つというユニークな取り組みもはじまったが、これについては第4章で紹介したい。

共同農場にとっては最大の危機であった時期に廣瀬が門田農業生産組合の組合長に就任したこと、農林大臣賞を受賞した年にもかかわらず成功事例のあまりない水田での大豆の集団栽培に挑戦したこと、そして試験栽培一年目において誰もが驚くほどの好成績を収めたことなどを考え合わせると、決して偶然のこととは思えない。味噌づくりの堀江と同様、廣瀬もまた弥畝山《やうねやま》に住む仙人が遣わした人物であったのだろう。いずれにせよ、共同農場にとって廣瀬は救世主と言ってよく、廣瀬の存在なくしては共同農場の現在の発展はないと言っても過言ではない。

3　佐々本芳資郎（五四歳）――仙人からのミッションは村の若者との橋渡し

佐々本は、一九八一（昭和五六）年、東京農業大学を卒業して旧弥栄村役場に就職した。当時の村役場は、村内で遅れていた三里地区における農地の圃場整備（農地の区画整理）を行うとともに、整備後の農地の担い手対策として弥栄村から都市に出ていった人がUターンしたときのことを考えて、農業技術の研修場として「体験農園」を共同体に隣接する所に設置しようという構想を進めていた。

役場に入った佐々本はただちに体験農園の運営準備を任され、翌年の一九八二年には、先んじて完成した三角屋根の研修棟で農園の運営をはじめている。そして、一九八三年には体験農園の整備が終了し、佐々本はその責任者として、新たな作物の導入や販路の開拓、研修生の指導、笹目原の農家と共同体で組織された笹目原生産組合が行う野菜づくりの指導などに従事した。

佐々本は、共同体が春や夏に行っているワークキャンプに大きな関心を寄せていた。弥栄の若者が都市に出ていく状況のなか、逆に多くの学生が都市からやって来て、鍬を振る姿に興味をそそられたのだ。そして佐々本は、自分と同世代の若者と話をしてみたい考え、ただちにその輪の中に飛び込み、共同体のメンバーも交えて酒を飲み交わすなどの交流を重ねていった。このときのことを佐々本は、「共同体には高校時代の先輩にあたる堀江恵祐（二〇一一年死去）が味噌づくりを担当していたこともあって、気軽に飛び込むことができた」と語っている。

自身の交流体験を踏まえて佐々本は、弥栄村内の若者たちにもワークキャンプへの参加をすすめ、日帰りではあるが、都市から弥栄村に農作業や農村の暮らし体験にやって来る若者と交流をし、農業や農村に住む価値の再発見を促した。つまり、このような活動を通じて、弥栄村の若者たちが村づくりの担い手として育っていくことを目指したわけである。そして、その若者たちが地域の活性化や発展を願って自由に考えて行動する場として「青年セミナー」が生まれた。その内容を、『エコミュージアム――二十一世紀の地域おこし』（一一〇ページ参照）の「第5章　わが村はエコミュージアム」を参照・要約しながら少し詳しく述べておこう。

当時、弥栄村の教育長であった岩田次郎の、「地域振興はまず人間をおこすことであり、それも次代を担う若者たちに学習集団として育ってもらい、自立してもらおう」という発案から、青年セミナーは一九八五年に誕生している。セミナーの構成員は、当初、役場職員、農協職員、会社員など六〇名あまりであったが、特定のリーダーのもとで活動するのではなく、個々人の自由な発想のもとに企画実践する活動が求められたことから、数か月後には二〇名程度に集約されている。

当初のセミナーは、教育委員会がつくるメニューに沿った活動を展開していたが、それでは設立の趣旨が生かされないということで、役場は「金を出すが口は出さず」の姿勢に転じ、次第に若者が独自に考えた企画を提案し、それぞれ実行に移すという積極的な団体に育っていった。二〇人程度の若者があちらこちらへと手を伸ばし、一〇〇ものグループをつくって全国に向けてネットワークを広げていくことになったわけである。この活動の指南役は、日本各地で農村地域の活性化運動に参加し、アドバイザー的な立場にいた小松光一である（一七一ページ参照）。

佐々本と小松との出会いは、島根県大田市で行われた「明日の農業を考える集い」だった。この講演のなかで小松が言った「地域を元気にするにはディズニーランドのような地域をつくればよい」という一言が、佐々本にとっては忘れることのできないものとなった。「ディズニーランドを地域としてとらえ、リピーターが多い地域をつくることがポイントだ」と佐々本は言う。地域に魅力があれば人は集まる。地域の魅力とは、自然や景観、モノや人などだ。そういう考えのもとに、佐々本を中心とした青年セミナーの若者たちは、弥栄の地域づくりを目指して活動することになった。

ちなみに、佐々本と出会った小松も弥栄まで頻繁に出向くようになり、すっかり「弥栄ファン」となって、若者たちに多くのアドバイスを行うようになっている。その小松については、第4章で詳しく紹介することにしたい。

青年セミナーでは、ジャズマンの坂田明氏(1)を招いて、石見地方の伝統芸能である石見神楽とのセッション「坂田 vs 石見神楽」を行ったのをはじめとし、「食文化のフォーラム」、「クラッシックコンサートイン弥栄」、「劇団やうね座」の立ち上げなど多彩な活動を行っていったわけだが、そのなかでも弥栄村の特産品づくりとして行った「弥栄村デザイン会議」は特筆に値する。前掲した『エコミュージアム——二十一世紀の地域おこし』を参照して説明しておこう。

デザイン会議は、一九九三年に佐々本ら役場職員三人でスタートしている。デザイン会議がまず取り組んだのは、弥栄村の米と水を使った酒造りである。何もない弥栄だが、大正時代には造り酒屋が四軒あったし、しかも弥栄村は島根県でも有数の一人当たりの日本酒消費量の多い村ということから、その復活を願った活動であった。酒名を「弥栄むら」と言い、山廃仕込みの純米吟醸酒である。この酒は、弥栄村に隣接する浜田市三隅町にあ

（1）（一九四五～）広島県呉市出身のジャズサックス奏者。一九七二年から一九七九年にかけて山下洋輔トリオに参加し、激しい演奏で知られる。同トリオを脱退後は、さまざまなグループの結成・解体を繰り返し、二〇〇〇年からは「坂田明 mii（みい）」を中心に活動し、内外のミュージシャンとのフリーセッションを行っている。

「坂田 vs 石見神楽」の打ち合わせをする佐々本（中央）。右は小松光一
（写真提供：佐々本芳資郎）

る「日本海酒造株式会社」の協力を得て造られたものである。

さて、役場職員三人で取り組んだデザイン会議も、一九九五（平成七）年には販売のノウハウをもつ共同農場の佐藤隆を会長として迎え、メンバーも、地域の若者や先ほど紹介した堀江修二、そして小松光一ら外部の有識者も交えたものとなり、「第二デザイン会議」にバージョンアップすることになった。もちろん、活動費もバージョンアップし、国の補助事業である地域特性形成事業の五〇〇万円を活用して、弥栄にある資源と将来の展望を考えた新たな商品開発を行っていくことになった。

まず、吟醸酒「弥栄むら」を、「自然の中で生かされている人々はそれを守りながら育てながら暮らす仙人である」というイメージに託して「やさか仙人」に名称変更をした。「やさか仙人」は浜田市内で販売されているが、根強い人気を博しているお酒である。その後、醤油の開発、水の商品化、お香の試みなどにも取り組んでいくこととなった。

第二デザイン会議では、このような商品開発とともに、「日本酒のもつ魅力やメッセージを大切にし、しかも弥栄の村づくりまで考えたシンポジウム」を酒造関係者や一般参加者約二〇〇人を全国から集めて開催している。シンポジウムを開催しただけではどこにでもある取り組みだが、その後、村内で酒米を生産する農家を集めて「酒米生産者組合」を発足させるほか、「やさか仙人」の酒ビンのラベル（裏）に生産者の名前を記入し、原料生産からこだわっている姿を消費者に伝えるという取り組みも行っている（以上、前掲書、一三五～一三八ページ参照）。

デザイン会議のほかにも、佐々本ら若者のグループと共同農場が一緒になって行った取り組みとして「弥栄村農芸学校」がある。その主な活動は第2章で紹介した通りだが、ここではその特徴を説明しておこう。

「弥栄村農芸学校」はIターン者の農業研修や農村体験を行うものだが、一般的にIターン者の農業研修は、市町村などの行政組織が行うか、農業経営体が行うものとなっている。しかし弥栄では、ここに住む若者も参加して農業研修が行われている。また名称も、「農業学校」ではなく「農芸学校」である。「芸」という言葉にこだわる理由を、『エコミュージアム――二十一世紀の地域おこし』では次のように説明されていた。

「自給の技を身につけることを手始めに、その技を仲間に伝えるシステムづくり、醸造文化をベースにした地場産業

やさか酒米生産者
大谷十三一
賀戸重幸
(農)きずなの里
久谷義美
小松原信夫
野村一男

（五十音順）

島根県のほぼ中央にある人口わずか二千人足らずの小さな町、弥栄町。どこにでも見かける田舎じゃが、ここには不思議なウワサがあってな。なんでも仙人が住んでおって、毎日を楽しくやっているらしい。せちがらい浮世に疲れたもんがそのウワサを聞き、仙人に会いにやって来るそうな。ここに来るとその疲れが癒されるということじゃ。

中にはあまりに心地いいもんで、そのまま仙人になってしまう人もいるそうな。

山廃仕込「やさか仙人」は弥栄町で手塩にかけて育てた酒造好適米と弥栄町に湧き出る清水を使用した地酒。但馬杜氏・岡田隆好が心をこめて仕込んだ"仙人"ご用達の逸品です。

酒質規格	特別純米
アルコール分	15度以上～16度未満
日本酒度	＋4～＋5
使用米	五百万石（弥栄町産米100％）
仕込み水	弥栄町小角湧き水
杜氏	岡田隆好（但馬杜氏）

冷酒	常温	ぬる燗	熱燗
◎	○	○	

蔵元：
日本海酒造株式会社
〒699-3224
島根県浜田市三隅町湊浦80番地
TEL 0855-32-1221
FAX 0855-32-0979

●企画／弥栄村デザイン会議

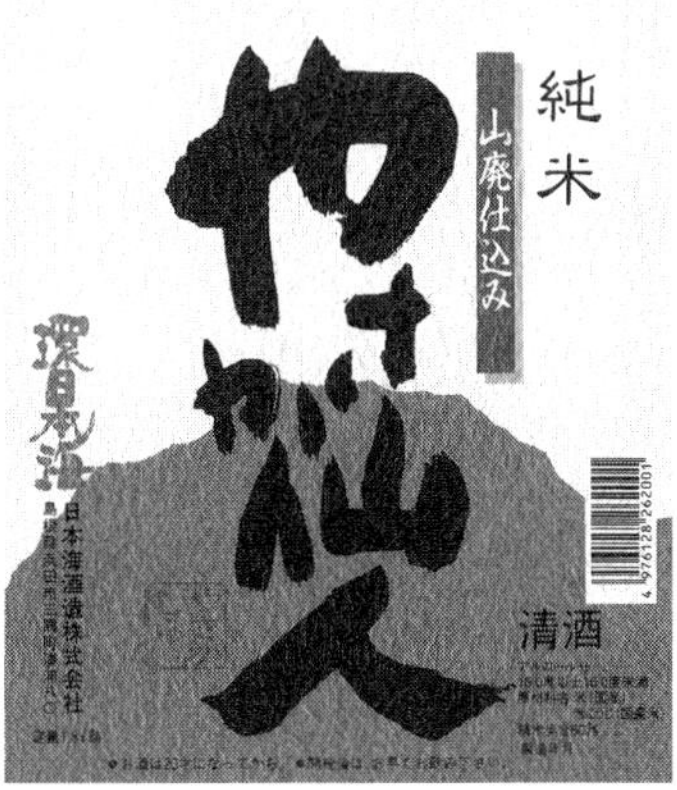

の起業化や地域文化の掘り起こしを通して村の再生を考え、それを新しい芸術にまで高めていきたいとい言う意図からであった」（一四一ページ）

これは、弥栄の若者たちが、共同農場との交流を通じて自然《じねん》に「過疎の村の再生」の担い手に育っていることをうかがわせるものである。

そして二〇〇一（平成一三）年には、一一〇ページでも紹介したように、青年セミナーのメンバーは共同農場とともに、弥栄や隣接の三隅町のまちづくりを行う団体として「NPO法人ふるさと弥栄ネットワーク」（理事長・佐々本芳資郎）を立ち上げている。その主な活動は、県外から弥栄村や三隅町に移住して来る人への支援や弥栄のファンづくりをはじめとして、川上である弥栄村と川下である三隅町を流れる三隅川の環境保全を図るためのドングリなどの植林活動や、有機農業を行う農家への支援なども行っている。

「NPO法人の活動を通じて、県外から弥栄町や三隅町に家族を含めて五〇人程度の定住を実現した」と佐々本はNPO活動の成果を語ってくれたが、第2章で説明したように、事務を担っていた職員が県外に行ってしまったことなどから活動が次第にできなくなり、残念ながら二〇〇八年に解散している。

佐々本を中心にした青年セミナーの活動を通じて共同農場の事業活動が地域の住民に伝わるよ

うになり、依然と警戒心が残っていた共同農場に対する理解が次第に進んでいった。もちろんこれは、青年セミナーの活動が弥栄の若者のみで行うのではなく、共同農場を積極的に取り込んだからである。共同農場が行っている弥栄の産業振興や「過疎の村の再生」に向けた真摯《しんし》な取り組みが地域住民にも伝わり、佐藤らに対する評価も高まっていったわけである。

佐々本の弥栄に対する熱い想い（まちづくり）が共同農場との協働につながったわけだが、佐々本なくして地域の融和はなかったであろう。意識しているかどうかは別として、佐々本も共同農場の転機に大きく影響を与えた人物であり、「仙人の使い」と言ってもいいのではないだろうか。

現在、佐々本は、浜田市産業支援機構（浜田市役所）に所属し、活動のフィールドを市全域に拡げ、市内の商工業者が製造する商品のブランド化を図るために、「営業マン」として東京をはじめとした大都市を日々奔走している。弥栄で培った地域づくりのノウハウが、浜田市の産業振興に生かされているのだ。

さて現在、弥栄の地域づくりを牽引しているのは誰であろうか。どうやら、佐々本の播いた「地域づくりの種」にも新たな芽がすくすくと育っているようだ。若い弥栄支所職員や農業後継者など一五名で構成されている「AZURU《あずる》弥栄賑々会《やさかにぎにぎかい》」がそれだ。会長の岡田浄（三八歳・弥栄支所職員）から会の活動を教えてもらったので紹介しておこう。

「AZURU」とは、石見弁の「あずる」からとったもので「苦しむ」というニュアンスがある。若者が「あずりながら」弥栄をよくしていこうという趣旨で名付けたという。設立は二〇〇四（平成一六）年ということだから、広域合併前の弥栄村のときである。佐々本たち青年セミナーの活動が下降線を辿るころ、自然発生的に二〇代から三〇代の役場職員四名と農業後継者など三名で設立された。とんど焼きや節分といった伝統行事、体験村周辺で行ったロードレース（二〇〇七年まで実施）、高齢者などへの除雪サービス（やさか雪かき隊）などの活動を行ってきた。会長の岡田は、「伝統行事や除雪サービスでは高齢者から昔のことを学ぶ機会が得られたし、ロードレースには、体験村に一人でも多くの人を集めたいという趣旨から取り組んだ」と言っている。

そして、二〇一二年（平成二四）年には、こうした取り組みに加えて「弥栄一周缶拾い」を春休みや夏休みに行っている。第1章で弥栄中学校の総合学習で行っている「弥栄の未来を考える学習」を紹介したが、この「弥栄一周缶拾い」は、中学一年生が「自分たちは地域で何ができるのか」を考えた末に出された答えだそうだ。学習発表会でこの「弥栄一周缶拾い」を聞いた岡田は、早速「AZURU」の仲間に話し、「子どもたちの提案を実現してあげることが、子どもたちに弥栄を考えてもらうことの近道」と考えて実行に移した。

同じ弥栄の出身と言っても、役場（弥栄支所）職員と農業後継者やサラリーマンなどとの間には見えない壁が生まれ、互いに「文句を言い合う」関係に陥りやすいという。そこで、「AZURU」の目的の一つとして、これらの者が一緒に活動でき、考えを共有し、また弥栄から出た人と弥栄に残っている人とが弥栄を想う気持ちで一つになるといったような関係形成が掲げられている。

活動資金を得るため、「AZURU」では「弥栄カレンダー」（二〇一三年版）を作成して販売している。弥栄に住む人が弥栄の好きな場所を見つけるきっかけになれば、また弥栄を離れた人には思い出してもらうことを期待してカレンダーをつくったそうだ。単に会員同士の活動にとどまらず、子どもから高齢者まで、また弥栄にいる人、出た人など幅広い人たちを取り込み、ともに弥栄の地域づくりが共有できるように目論むなど工夫を凝らしている。

佐々本たち青年セミナーの若者と岡田たちの「AZURU」

AZURU 弥栄賑々会がつくったカレンダー　定価1,000円（税込み）

のメンバーは一世代違っている。佐々本たちと直接のつながりはないが、佐々本たち青年セミナーのメンバーが播いた種は、確実に「AZURU」のメンバーに根付いている。

本章を締めくくるにあたって、共同農場とともに地域づくりに取り組んできた役場職員のその後についても紹介しておこう。

青年セミナーの活動のなか、「弥栄村デザイン会議」で行った「やさか仙人」づくりや「日本酒ルネッサンス」のシンポジウムの開催などで培った行政マンとしての資質は、県内の他市町村でも抜きん出たアクティブな行政職員という評価を受けるに至っている。このことは、役場職員が中心になって進めてきた地域づくりとして、一九八九（平成元）年には「島根県まちづくり大賞」を受賞したほか、二〇〇三年には「全国ふるさとづくり奨励賞」を受賞するなど、その活動は内外でも知られるところとなった。

「ふるさとづくり奨励賞」を受賞
（写真提供：佐々本芳資郎）

第4章

やさか共同農場と協働し、支える仲間たち

メンバーの堀江啓祐・京子さんの結婚を祝う会（1999年）
（場所：ふるさと体験村の「桑田」）中央が堀江夫妻

前章では、仙人の使いと思える人たちのアドバイスにより経営発展を目指してきた共同農場を紹介してきたが、本章では、地域づくりに主体的、直接的にかかわりながら自らが成長・発展するとともに、農業生産や農産物などの販売を通して共同農場の発展にも貢献してきた仲間たちを紹介していきたい。そのなかには、前章を同じく仙人の使いと思える人もいる。経営の発展にはお互いが助け合うことが大切だ、ということを理解していただければ嬉しいかぎりである。

1 串崎昭徳（稲代集落）——共同農場の野菜部門を補完する最大の有機野菜生産者

串崎は五三歳。有機農業によるほうれんそうや小松菜などの葉物野菜を中心に栽培しており、経営面積は、ビニールハウス一〇〇アールと水稲六〇アールとなっている。八名を常時雇用し、平成二三年度の売り上げはおよそ二四〇〇万円、弥栄のなかではトップクラスの農業経営体と言える。

串崎は、一九七八年に高校を卒業すると浜田市内の自動車修理工場で約一〇年間働き、その後弥栄に戻って地元のガソリンスタンドで五年間働いていた。三五歳のとき、「人に使われるのではなく、人を使う立場になりたい。できれば、身に着けた技術を生かして自動車修理工場を弥栄でやってみたいと考えるようになった」と当時を回想してくれた。

たまたま、Iターンの社長が経営するアパレル会社に灯油の配達に出向いたとき、社長と茶飲み話をするなかで串崎の起業化に話が及んだ。社長は、「自動車は、弥栄のなかでの勝負だ。農業は、弥栄の外で勝負ができる。それに、串崎には土地がある。それを生かせ」と思いもよらないアドバイスを串崎にした。農家ではあるが農業を継ごうとは考えていなかった串崎だが、社長のこのアドバイスに何故か夢を感じ、「これだ！」と閃いたと言う。

共同体が出稼ぎの体質から抜け出せず悶々としていたとき、県工業試験場（現工業技術センター）の職員である堀江から味噌づくりを助言された場面を思い出して欲しい。農業による起業を決意した串崎の場合とほぼ同じと言える。このアパレル会社の社長も、弥栄に住む「仙人の使い」なのかもしれない。

就農を決めた串崎ではあるが、それから一年間は就農する作目を何にするかで悩んでいた。親が取り組んでいた水稲栽培を継ぐことは眼中になく、佐々本芳資郎が指導していた体験農園で実証されていたビニールハウス栽培に魅力を感じていた。とはいえ、一棟（三〇〇平方メートル）当たり一五〇万円が必要とされるビニールハウスの設置費の調達にめどが立たず、踏み切れずにいたのだ。

思い悩む日々のある日、役場の広報誌でビニールハウスのリース事業（村単中山間地域パイロット事業）が紹介されているのを見つけた。リース事業は、就農当初に設備資金を調達する必要がなく、初期投資を軽減できるというメリットがある。すぐさま串崎は、ビニールハウス六棟（二〇〇〇平方メートル）の設置と、収穫後のほうれんそうを予冷する施設の設置を役場に対して要望した。

当時の田原島正徳村長から、「本気に取り組むのであればもう一棟追加してもよい」というアドバイスをもらい、結果的には二四〇〇平方メートルを整備して経営を開始している。その後、毎年のように少しずつビニールハウスを増棟し、現在の一万平方メートルの規模に至っている。

串崎は、経営作物としてほうれんそうや小松菜などの葉物野菜の栽培を選択した。トマトやメロンなどの果菜類は年一回の収穫であり、一度失敗するとその年の収入がなくなるが、葉物野菜であれば冬季に積雪の多い弥栄でも年に五作程度は栽培が可能で、仮に一作を失敗しても回復する

ビニールハウスでにこやかに笑う串崎昭徳

だけの余地がある。つまり、経営を安定化させることが可能であると考えたわけである。

さて、串崎と共同農場との出会いだが、佐藤が無農薬による葉物野菜の栽培をすすめてきたことがきっかけであった。串崎によると、当時（一九九六年）の共同農場は、味噌の販売促進に出向くと必ずと言ってよいほど相手先から「野菜はないの？」と言われ、味噌の商談そのものがなかなかまとまらず、弥栄での有機野菜の産地化の必要性に迫られていたそうだ。一方の串崎も、農薬で病害虫防除を行う慣行栽培のもと浜田市内の青果市場に出荷していたが、大きな産地にはかなわず、価格が安定しないという問題を抱えていた。

もちろん、農薬を使わない栽培ということに不安もあったが、共同農場から「農家の葉物野菜のおかげで共同農場の味噌が売れることから、手数料も販売促進費の一部として〇・五パーセントほどで結構」という条件を提示されたことに共感を覚えた、と串崎は言っている。

その後、「(農) 森の里生産工房生産組合」にも加わり、今では共同農場に野菜を提供する代表的な農家となっている。また、販売先である生協などが行う産地交流会には、共同農場とともに弥栄の有機農業の取り組みを紹介するまでになっている。

無農薬栽培に取り組んだ当初は「病気や害虫の防除に苦しんだ」と言う串崎だが、県の農業改良普及員の指導を受けながら試行錯誤を繰り返して有機栽培の技術取得を目指した。また、共同農場とは別に、浜田市や江津市で有機野菜の栽培を行っていた「いわみ有機農業の会」（現・いわみ地方有機野菜の会、代表・大畑安夫）にも加入し、同会が開催している毎月の定例会に参加するなど技術取得に励み、栽培も安定してきたという。生産された野菜のほとんどは共同農場を経由して販売されているが、一部はこの有機野菜の会にも出荷している。

これからの目標は、「息子たちの就農の意向にもよるが、一五〇アールの規模にまでもっていきたい」としている串崎だが、もし子どもが就農しない場合は、雇用している職員に事業継承してもらうと考えている。

このように、アパレル会社の社長の一言で農業の世界に飛び込んだ串崎に対して佐藤は、筆者に対して次のようなコメントを寄せてくれた。

「串崎昭徳さんは、有機農業を弥栄町の農家に広めていく先駆的な実践者であり、私たちの仲間でもあります。ほうれんそうなどの葉物野菜を、ビニールハウスで周年栽培する技術と経験を次世代の農家に継承していく、心意気のあふれた方です。また、農業後継者として、引き継いだ経営状況について愚痴を言わないという明るい性格の人です」

このように言う佐藤は、以前、筆者に対して次のようにも言っていた。

「共同農場のように地域の生産者の野菜を集めて生協などに販売する場合、その生協などは、直接の出荷者である共同農場だけを見ているのではなく、地域の生産者がどのようになっているかに強い関心をもっている。共同農場だけが利益を得て、生産者に十分な利益が還元されていないとなると、生協などは共同農場との取引を避けるのではないだろうか。幸い生協などは、農家における経営の持続性まで含めて共同農場を評価してくれている」

串崎が共同農場と協働しながら経営の発展を遂げている姿は、同時に共同農場の信頼向上にもつながっており、「車の両輪」という関係であると言える。

2　串崎文平（野坂集落）――共同農場と農家を結び付けた水先案内人

「はじめに」で紹介したように、十国トンネルを抜けると、眼下に田んぼの畦畔の草がきれいに刈られたなだらかな農地が広がる。山に挟まれ決して広くはないが、何故か開放感を感じる。どこか違う世界に入り込んだような気持ちになる。浜田から一五キロメートル、標高差三八〇メートルを自動車で登りつめ、トンネルを抜けた所が串崎文平が住む野坂集落である。一二月に入ると初雪が降り、川端康成の『雪国』で有名なフレーズ「トンネルを抜けると雪国だった」の風景が現れる（六ページの写真も参照）。

串崎文平、七五歳。五〇歳ごろまでは、葉タバコ八〇アール、水稲五〇アールに繁殖牛（子取りの和牛）八頭の経営という弥栄でも規模の大きい専業農家だったが、現在は規模を縮小し、水稲四〇アール、繁殖牛三頭に三〇アールの畑でニンニクやアスパラガスなどの野菜を栽培している。そして、「弥栄和牛改良組合」の組合長も務めるなど地域のリーダーでもある。

佐藤との出会いは、役場が一九八三（昭和五八）年に体験農園を開設したときである。村内の関係者で組織する「体験農園運営委員会」の委員に串崎が選任されたとき、佐藤も同じく運営委員に選任された。村内の一部には共同農場が加わることに反対もあったが、串崎は村民の一人として「佐藤たちの共同農場の援護射撃をしたい」と常に言い続け、「何もできないが、精神的な応援をした」とも言っている。

森の里工房生産組合のような共同農場を支えるネットワークが存在していないときに串崎は、共同農場と村民とのパイプ役を果たし、共同農場に対する村民の警戒心を取り

十国トンネルを抜けると雪景色だった（写真提供：浜田市役所弥栄支所産業課）

払うことに尽力していたのだ。

串崎が共同農場を援護したのには、彼の生い立ちが起因しているように思える。串崎の父は若くして両親に先立たれ、幼いころに浜田市に隣接する益田市から野坂集落に移住している。佐藤らと同じく「よそ者」である。「よそ者」としての苦労をしてきた親を身近に見てきた串崎は、人一倍その苦労を知り尽くしていた。そんな彼だからこそ、佐藤らのことを他人事のようには感じられなかったのだろう。

串崎は、中学卒業時にはかなわなかった高校進学を、三〇年後、県立松江北高校通信制に入学することで果たしている。次に掲げた詩は、四八歳のときに亡くした父を慕う気持ちを表したものだが、これは通信高校に提出したレポートとして書かれたものである。串崎の人柄は、この詩で十分に理解することができる。

父よ

じっと何かに耐えているように
いつもつむったような眇め（すがめ）
なぜ……？　とひとはおもう。
何時かきいた、たった一度の

身の上ばなしに……。
これはのう、　三つで親に別れて
他人（ひと）さまの土間のムシロで育った
なごりだよ……　と
それがいつも私をひきとめてくれた
あばれ牛になりそうなときに。
課題報告（レポート）をかく夜のしじまに
かすかに父の寝息が聞こえる。
ポトリと涙が落ちた。

子牛市場上場前に手入れをする串崎文平

佐藤と知り合った串崎は共同農場の野菜の集荷に協力し、ともに広島に出荷するようになった。そして一九九七（平成九）年、共同農場の音頭取りで村内の農家二一戸が集まって「(農) 森の里工房生産組合」を設立したときには初代の組合長も務めている。

串崎と共同農場のかかわりを深めたのが、村内の若者と共同農場で取り組んだ「弥栄村農芸学校」である。農芸学校にやって来る研修生の受け入れ農家として進んで名乗りを上げた串崎は、農業を教えるだけでなく実習用の畑の提供などを行い、可能なかぎりの協力をした。受け入れた研修生は三〇名を超える。「農業を継がない」と言っている子どもに代わって、「Iターン者が本気で農業をやろうとするなら農地を譲ってもよい」とまで串崎は言っている。

串崎が受け入れた研修生のなかに、第2章で紹介した齊藤稔哲医師親子がいる。齊藤医師は農業を断念して医師の道に戻られたわけだが、二〇一二（平成二四）年の春までの約一四年間、弥栄の市営住宅に住み、医師勤めの傍ら水田を借地し、手ぬぐいで頬被りをして草取りをするなど、その姿はまさに百姓だったという。

串崎への取材中、齊藤医師の話から診療所の阿部所長の話題に移った途端、串崎は「阿部先生になら命を預けてもよい」と言い出した。六年前、診療所での検診で初期（第1ステージ）の胃癌が見つかり、胃の三分の二の摘出手術を浜田市にある国立病院（現・浜田市医療センター）で行った。阿部所長から癌の宣告されたとき、意外にもショックを受けなかったと言う。当時の気持ちを、島根大学医学部有終会の会報誌（二二〇号・三五周年特集号）に書いている。

私の近親者の中には母を初めとし、叔父、叔母、従兄など、ガンに命を奪われたものが七人も居る。それは想うだけでもぞっとし、いずれ私にも……。と考えては人知れず恐怖心に怯えてきたものである。ところがそれが現実に起きてしまった。それまでの私であったら目の前が真っ暗になって我を失うほどのショックで何も手につかないほど落ちこむはずであっ

たが、どういうわけか冷静に受け止めた。……想うに、A（阿部）先生の私へのガンの告知とその後の対処などは、患者の心によりそい、その恐怖心を和らげ、さらに事後の冷静さをも呼ぶ程のものであったのだと思っている。そうしたことは単に私だけではなく、大事にいたらなかった人たちのそれぞれが心に刻んでいることなのである。それは常日ごろ私たちとの交わりのなかで、地域の医療に熱心に取り組まれているA（阿部）先生への信頼から生まれたものだと思う

その後、毎年検診を受けている串崎だが、六年間、薬も飲まずに元気に農業に精を出している。そのことに感謝するとともに、島根大学医学部に献体を申し出てもいる。時には農産物で珍しいものがあれば阿部所長に届けるといった串崎、「最近、阿部先生の体調が心配だ」と気遣いも忘れない。まるで映画の一シーンのような光景である。

医学に詳しくない筆者だが、このときばかりは、へき地の診療所の検診で癌の早期発見ができ、一命を取り留めることが可能な浜田市の地域医療体制の素晴らしさを痛感し、改めて安心して住める所だと認識した。

ところで、冒頭に「十国トンネルを抜けると、何故か開放感を感じる」と書いたが、この景観を守ってきたのも串崎である。かつて串崎は、広島県に視察に行った折、集落内の道路脇や田ん

ぼの周辺などがきれいに刈られた光景を見て、何故か清々しい気持ちになったという。そのことを思い出し、一九八八年ごろから集落の田んぼや畑の周辺の草刈りを一人で黙々とはじめた。当初は、串崎の行う草刈りに異論を唱える人もいたが、その姿を見た住民が一人、二人と草刈りに参加するようになり、現在では集落あげての取り組みとなっている。弥栄《やさか》の玄関口でもある野坂集落の取り組み、弥栄に住む住民は感謝の気持ちをもってこの集落を通りすぎている。

弥栄支所は、串崎のこうした取り組みとともに三〇年にわたって民生委員を務めていることなどが地域振興に大きな貢献があるとして「表彰したい」と申し出たようだが、本人の強い辞退によって実現していない。いかにも串崎の人柄を表しているエピソードと言えるが、そんな串崎から、就農や田舎暮らしを考えている若者に対してメッセージをいただいたので紹介しておこう。

「きれいな空気だけでは食べれない。すぐに挫折する。中途半端な気持ちでは駄目だ。また、農村の日常の風習などのつまらないと思うことも受け入れる覚悟も必要だ。郷に入れば郷に従えとも言う。ただし、自分を失っても駄目だ」

あまり表にも出ず、共同農場の活動を支えてくれた串崎に対して佐藤は次のように言っている。感謝の念とともとれる佐藤のコメント、読者のみなさんはどのように感じられるだろうか。

「水稲、黒毛和牛の繁殖、葉タバコの生産を小規模複合型で経営する串崎文平さんは、収益性の高い弥栄町の代表的な農家と言えます。森の里工房生産組合の初代組合長を担っていただき、現在も研修生の農業指導や有機栽培技術の普及に大きく貢献されています。また、ご夫婦揃って、いつも家や田畑の景観をきれいにして、農村の暮らしを大切にされています」

3 農業法人ビゴル門田（門田集落）——共同農場との協働による担い手育成

組織の概要

農家から田植えや稲刈りなどの農作業受託を行ってきた門田農業生産組合の活動によって集落内の農地が耕作放棄されることはなかったが、高齢化が進むにつれて水田を耕作することが困難になる農家が増えてきたのも事実である。しかし、任意組合である門田農業生産組合では、農家の土地を借り上げて農業経営を行うことは農地法上できない。つまり、新たな担い手づくりが急務となってきた。

そこで門田農業生産組合を解散して、一九九九（平成一一）年、集落のほとんどである二四戸が組合員となって、農地の貸借ができる「農事組合法人ビゴル門田」を設立した。ちなみに、「ビゴル（vigor）」とはスペイン語で「活力」という意味で、活力ある組織となるようにという想いが込められている。二〇一二年現在のビゴル門田の経営は、水稲一四ヘクタール、大豆五ヘクタール、枝豆やそば二ヘクタールを耕作しているが、そのほかにも二〇〇〇年からは大豆のオーナー制度にも取り組んでいる。

ビゴル門田では、集落内の水田二一ヘクタールをみんなで耕作している。「みんな」と言っても、田植えや稲刈りなどの機械作業は特定のオペレーターが行い、「みんな」が行うのは水の管理が中心となっている。組合員への出役賃金は、トラクターなどの機械作業と草刈りなどの軽作業を区別せず、一律、一時間当たり一五〇〇円としている。軽作業中心の高齢者に配慮した賃金設定と言える。

集落営農と個人経営の共存共栄モデル

ビゴル門田は、新しい担い手をどのようにして育成しているのだろうか。特色あるその内容を説明する前に、島根県や国の担い手育成対策の考え方を説明したい。担い手の高齢化、そしてそのために必要とされる新たな担い手の確保、これらは共通の課題であるが、その育成に向けた対策に違いが見られ、そこにビゴル門田の特徴を見いだすことができる。まずは、島根県の取り組みを説明しよう。

島根県は、全国的に見ても二〇年は先駆けて高齢化が進んでおり、「高齢化問題の先進県だ」と言う人もいるくらいである。一九七五（昭和五〇）年以前から担い手の高齢化や兼業化が進み、その対策として県は、個別農家の育成に加えて、集落の人たちが力を合わせて農地を耕作するという「集落営農」の組織化に力を注いできた。

平成の時代に入ると、石見地域の各地で集落営農組織が法人化にステップアップする動きが見られるようになったが、この動きは全国的に見ても突出していた。こうした取り組みは平成一〇年代に入るとさらに進み、現在では、集落営農の法人は一四五組織（二〇一二年三月末現在）を数えるまでに至っている。

集落営農組織のメリットは、高齢化や兼業化、農業機械の過剰投資などで個別農家では採算にあわなくなって営農の継続や農地の耕作が困難になってきた集落が一つにまとまって水稲栽培を中心に行うことにより、個々に所有していたトラクターなどの農業機械の保有台数が減り、減価償却費（農業機械）を抑えることができるというものである。また、集団化した農地で水稲を栽培できることから、一〇アール当たりの労働時間を大幅に短縮することができ、大規模に行っている個別農家の生産性と比べても遜色がないか、それを上回る収益性の高い経営を実現することも可能である。とはいえ、構成員のなかに専業で農業経営に従事する者は少なく、野菜などのように、比較的労働力を多く必要とする作物の導入は難しいという弱点もある。

一方、国のほうはというと、零細な経営規模で生産性の低い稲作の農業構造を変革するために、一九九二（平成四）年に「新政策」と称して、外国産の米価にも負けない足腰の強い農業者（認定農業者）を育成する施策を強力に進めてきた。これは、担い手の農業所得が他産業従事者の所得とあまり変わらない農業経営体になることを目的としており、認定農業者に対して、経営規模の拡大を支援するために農地の集積を進めたものである。

このように、国は認定農業者の育成を進めてきており、島根県が進めてきた集落営農の取り組みにはやや批判的であった。というのは、一つの集落営農組織の売上額が仮に一〇〇〇万円を超えても、多数の構成員を抱える集落営農法人では一人当たりの売上額は依然として少なく、脆弱で零細な農業構造を変えることは難しいと考えていたからである。

一九九〇年代の集落営農に対する国の評価は、どちらかと言えば集落営農組織の存在は過渡的なもので、その活動を通じて農業機械のオペレーターが育成され、そのオペレーターが結果として認定農業者として育ち、地域の担い手になるという考えであったと思われる。つまり当時は、集落営農組織は「多様な担い手」の一つという位置づけでしかなく、「担い手」とは区別されていたと思われる。

しかし、二〇〇四（平成一六）年にはじまった国の「担い手経営安定対策」がきっかけとなって、国の集落営農組織に対する評価が一変した。育成すべき担い手として、認定農業者に加えて、法人または法人化を目標にしている集落営農組織も育成すべき「担い手」として位置づけたのだ。

島根県はこれまで通り集落営農組織の法人化に力を入れていくが、これまでの水稲中心の経営から、より収益性の高い園芸作物の導入や農産加工や農業以外の事業（たとえば、冬季の除雪など）への参入も奨励し、国や県などの補助金を交付するなどその育成に努めていくこととしている。加えて、次世代の担い手を育成するために、集落営農組織がその候補者を雇用する「雇用就農」という施策も強力に推し進めている。

そろそろ、ビゴル門田の担い手育成に話を戻すことにしよう。

ビゴル門田は構成員の平均年齢が七〇歳を超え、他の集落組織と同様、次世代の担い手確保が急がれている。しかし、組合長である廣瀬は、担い手確保の対策として若者を雇用しようとは考えておらず、栽培においても水稲と大豆以外のものは考えていない。廣瀬は、ビゴル門田が仮に若者を雇用しても責任をもって雇い続けることができないこと、そしてそれなりに収入が得られる水稲に比べて野菜の栽培で安定的に収入を得ることは、構成員の状況からして難しいと判断していた。

だからといって、廣瀬が門田集落の次世代を担う若者の確保をおろそかにしているわけではない。のちほど紹介することになるが、共同農場で研修を終えたIターン者である高橋伸幸などが行っている自営就農の受け入れに門田集落は率先して取り組んでいる。

県外からやって来た若者が行うほうれんそうなどの有機農業に必要な農地（借地）と住居（賃

貸）を集落内において斡旋するだけでなく、家屋のリフォームも弥栄自治区が行っている「弥栄自治区住みよい集落づくり事業」（補助限度額は単年度一集落につき三〇〇万円）を集落が事業主体となって実施するなど、集落をあげてIターン者の支援を行っている。つまり、集落の担い手を確保するために、ビゴル門田は雇用という形態ではなく、Iターン者の自営就農を全面的にバックアップすることで解決しようとしているわけである。

現在、この仕組みで自営就農を行っているIターン者は、高橋以外に弥栄の他の集落から門田集落にやって来た清水康彦（四八歳・水稲が中心）がいる。廣瀬は、あと一名のIターン者の確保も考えていると言う。

ところで、二〇一二年より国は、地域が担い手を特定し、その者に対して農地集積や必要な施設整備などの支援を通じて育成していくことを目的とする「人・農地プラン」の作成を推進している。これは、これまで農業の担い手と地域住民とのつながりが必ずしも十分なものでなく、担い手に農地が思うように集積せず、結果として育成が思うように進んでいないという状況を解決するために制度化されたものである。

ところが門田集落では、先ほど説明したように、Iターン者である高橋に対して農地とともに住まいも斡旋し、そのうえリフォームを集落合意のうえで行うなど、門田集落版とも言える「人・農地プラン」を国に先駆けて行ってきた。また、門田集落に隣接する日高集落でも現在、共同農場で研修を受けている若者（第6章で紹介する扇畑安志）を門田集落と同様の方法で受け入れることが決まっている。門田集落が取り組んできた担い手育成プランが、隣接の集落にまで波及しているのだ。

集落内の農地をなんとか維持しようとするビゴル門田と、農業で自立を目指す認定農業者が相互に共存している姿、これは国が「新政策」で目指した農業構造にかぎりなく近いものである。古くて新しい門田集落の取り組みは、担い手の確保で悩む全国各地の集落においても先導的なモデルになるだろう。また、職業として農業を選択しようとする若者にとっては、門田集落や高橋が行っているこの就農モデルは必見である。その高橋については次節で詳しく紹介していくが、その前に、ビゴル門田に対する佐藤のコメントを紹介しておきたい。こと仕事に関しては、常に厳しい表情をしている佐藤の真意が垣間見えてくる。

「全国的に見ても、集落営農組合のほとんどがトラクターなどの農業機械の共同利用組織でしかなく、ビゴル門田のように、集落全体の農地を組合に集積して共同経営を行い、枝豆などの農産加工までを手掛ける組合はあまりなく、先駆的な存在と言えます。その意味でも、組合長の廣瀬康友さんの指導力と人望はすごいと言えるのではないでしょうか。二〇一二年に門田集落に定住した二家族の新規就農者が、地元の人たちと協力して未来のビゴル門田を支えること、それを期待しています」

4　高橋伸幸（門田集落）――共同農場から暖簾《のれん》分けで自立

高橋伸幸、岡山県総社市出身の三五歳。考えがしっかりとしている青年で、西洋哲学を専攻した大学院博士課程単位取得退学という経歴がうなずける異色の存在である。一〇年間に及ぶ東京での生活のあと、就農を目指して弥栄町にやって来た。弥栄自治区農業研修制度などを活用して共同農場で二年間の農業研修を行ったあと、二〇一二年に念願の就農を成し遂げている。

就農を決意するにあたって高橋は、妻である千寿江さんの「互いの故郷に近い場所」という意見を尊重して候補地を探すことにした。まず、二〇〇九（平成二一）年一一月、全国新規就農センターが主催した「新・農業人フェア」に参加し、「互いの故郷に近い場所」ということで中国・四国各県の就農相談ブースを尋ねて情報の収集を行った。その折、島根県のブースにも立ち寄り、農業振興公社の就農プランナーから浜田市をはじめとした県内各市町村の農業や農業研修制度などの説明を受けるとともにパンフレットを入手した。

家に戻った高橋は、千寿江さんとともにパンフレットを参考にして就農場所を検討したが、「百聞は一見に如かず」と、一番興味を惹かれた島根県に足を運んで調べることにした。資料のなかにあった「田舎ツーリズム」というパンフレットに掲載されていた弥栄町の農家民宿「茅葺《かや》の縁《のえん》」に、正月休みを利用して夫婦で二泊三日の調査旅行をすることにした。その民宿の経営者である森川學さん・純子さん夫妻との出会いが、弥栄町を選択するきっかけになった。

高橋夫妻が弥栄に来た時点ではまだ研修場所を決めていないことを知った森川夫妻は「是非、弥栄に来てもらおう」と考え、共同農場に関する情報や千寿江さんの仕事先、そして浜田市役所内にある「無料職業相談所」などについてアドバイスを行った。そのアドバイスをに感銘を受けた高橋夫妻は、東京に帰ったあと弥栄での農業研修を決め、浜田市弥栄支所に農業研修制度の申し込みをし、翌月（二月）に行われる面接試験を受けることになった。

実は、民宿の森川純子さんは弥栄町の民生委員をしており、元民生委員でもあった共同農場の佐藤富子とは親交があった。また、元看護師で弥栄町内の介護福祉施設事業者とも親交があったため、純子さんのアドバイスは一般的な

民宿「茅葺の縁」の森川夫妻

ものでなく具体的で説得力のあるものであった。

高橋夫妻は、弥栄に来てからも森川夫妻を頻繁に訪ねているという。高橋夫妻にとっては、森川夫妻が「弥栄のお父さん、お母さん」のような存在になっているのかもしれない。

実は、森川夫妻も定年退職後のUターン者である。それだけに、U・Iターン者の立場に立ったアドバイスや世話ができるのだろう。森川純子さんは、高橋夫妻だけでなく、その後も農家民宿にやって来た三名のIターン者に対して介護福祉施設の情報提供をし、その三名が施設に就職していることを補足しておく。

弥栄を農業行研修先として選んだ理由を高橋は、「研修先の住宅が格安で用意されていることや、研修中の支援措置が充実している弥栄自治区の農業研修制度（第5章にて詳述）に魅力を感じた」と話してくれたが、おそらくこれらの理由に加えて、知人も地縁もない弥栄で親身な対応してくれた森川夫妻の存在が大きかったのではないかと思われる。ちなみに研修生用の住宅は、一LDK五四平方メートル、家賃一万五〇〇〇円となっている。原則として一年間の貸与で、四棟が用意されている。

研修生用の住宅

研修に入る前から自営就農を決めていた高橋ではあるが、研修中に「専業は難しいかもしれない」という迷いも生じたという。地縁も血縁もない弥栄で資金も必要とされる自営就農を行うだけの自信がなかなか沸いてこなかったと言うが、研修一年目の半ばには、栽培技術に関しては少しは自信をもちはじめるようになった。また、就農に必要な農業機械を購入する資金も県や市の補助金制度の活用が見込めることや、住居や農地を門田集落が世話してくれるということからめどが立ち、研修一年目の中頃には自営就農を決心した。

高橋の自営就農の意向を確認した弥栄支所は、早速高橋を交えて、浜田市農林業支援センターと県の普及指導員とともに、残り一年の研修計画と就農後のプランとなる「認定就農計画」(1)を作成した。

高橋が弥栄自治区農業研修制度を活用するためには、弥栄支所が行う審査に合格しなければならない。面接官の一人であったビゴル門田の廣瀬は、当時の高橋について、「ひ弱な感じで一年間の農業研修ができるのだろうか」と不安を感じていたと言う。しかし、その一方で、面接でのやり取りを通じて高橋に対して興味と関心をもったとも言っている。そして、高橋が自営就農を決心したあたりの研修態度から「根性がある」と思うようになり、門田集落に迎え入れることを決めた。空き家の所有者と貸借についての調整に乗り出すとともに、廣瀬自身の農地約六五アールを施設用地として提供することも決めた。

二年間の研修を終了した高橋は、廣瀬の協力のもと自営就農をはじめることになったわけだが、彼が掲げた五年間の就農計画の内容を紹介しておこう。

三年間でビニールハウス三〇アールを整備し、有機農業によるほうれんそうや小松菜などの軟弱野菜、そして加工用イチゴの栽培となっている。出荷は、第2章でも紹介した「やさか共同農場野菜生産者グループ」を通じて行っている。販売面を共同農場に委ねるということは、経営の立ち上がりにあたって全精力を生産に集中できるというメリットとなる。

就農初年度の成績を見ると、第一作目の小松菜の生育が思わしくなかったことに加え、春先の強風でビニールハウスの被覆が破れるという被害に見舞われたが、二作目以降は順調に推移し、就農計画一年目の目標はおおむね達成できている。そして、二年目に建設したハウスでは、強風の被害を軽減するために東西に設置していたものを南北の向きに変更するという改善も行っている。

高橋の自営就農はまだはじまったばかりで、就農計画の達成を評価するには早すぎるだろう。しかし、高橋はたしかな手ごたえをまちがいなくつかんでいる。今後は認定就農計画で定めた農業所得三五〇万円の達成に向けてさらに技術の研鑽に励むと言っている高橋が、現在の状況につ

（1）青年就農促進法に基づき、新規就農者が作成する五年後を目標とした経営計画のこと。

いて次のように語ってくれた。

「この冬は、病気や湿害で思うような結果は出なかった。しかし、夏や秋はそれなりに安定して出荷ができ、自信がついてきたと思っている。施設面積が多くなっても、季節にかかわらず収量や品質を維持していきたい。また、集落のパートさんとの共同作業は試行錯誤だが、ともに腕を磨いて集落を盛り上げていきたい」

このように言う高橋について、共同農場で営業担当をしている山代繁広（五九歳）は期待を込めて次のように語っている。

「高橋君は、現在二四アールのビニールハウスと加工用イチゴの露地栽培に、門田集落の四人を雇用している。四人の雇用というのは現状の経営では苦しいと思うが、今はあまり利益を考えずトントンでよい。これも規模拡大を考えて出荷調整などの技術取得のための研修期間であり、やむ得ないことだ。高橋君が門田集落で農業経営をすることにより、四人の雇用が生まれたという事実がなんと言っても大切だ。集落の人にとって、単に若者がやって来たというのではなく、『雇用の場をつくってくれた』という事実を示すことができたこと、それがポイントとなる。地域の人たちに、『ハウス栽培が進めば雇用の場ができる』という事実を認識いただき、これが弥栄全体に波及することになれば、今後のＩターン者が自営就農する場合にフォローの風が吹くことはまちがいない」

この言葉を裏付けるように、パートに来てもらっている人から「農地を貸してもよいと言っていただいた」と高橋が話していたことを思い出した。共同農場と言えば佐藤がすぐに出てくるが、ここには山代をはじめとして優れた人材が揃っている。弥栄町の未来を背負っていく若者たちの、さらなる成長を集落のみんなが期待しているようだ。

最後に、内助の功となっている妻の千寿江さんについても紹介しておこう。

高橋夫妻が就農を前提とした農業研修を決めた日、浜田市の無料職業相談所から「ヘルパー二級無料講習」の案内が届いた。幸いなことに、夫の伸幸が共同農場で研修をはじめるのと同じく千寿江さんもヘルパー講習を受けられることになったのだ。その後、研修先であった弥栄町の福祉施設に就職することもできた。

千寿江さんは、農家民宿でお世話になった森川夫妻から畑を借りて野菜を栽培するなど、地域の人たちとの親交も

経営に自信をもちはじめた高橋夫妻

深めており、伸幸が「今では自分より顔が広い」と語っているほどである。夫の夢を理解してついて来た千寿江さん、どうやら夫の伸幸以上に地域に馴染んでいるようだ。

就農して半年を経た今、千寿江さんは、「人や集落に恵まれました。また、弥栄自治区の支援にも助かりました。経営計画は本当にできるかどうか分かりませんが、頑張っています」と語ってくれた。かつて美容師として働いていた千寿江さんが、今は介護福祉施設の仕事をし、農業にも精を出している。こんな若い夫婦が頑張れる弥栄、筆者が想像している以上に素晴らしい所なのかもしれない。最後に、高橋についての佐藤のコメントを紹介しておこう。

「高橋君は、もう少しがむしゃらに日々の農作業に取り組むと、これまでの歩みを振り返りたくなる時期が来ると思います。そのとき、浜田市や島根県の研修、就農制度や定住を支えてもらった門田集落の人たちの存在をどうとらえるのか、それが高橋君のこれからの農業経営に大きく影響してくるでしょう。『一人の力はかぎられていて満たされないから、地域の仲間と事業協同組合をつくっていく』という視点を忘れないでほしい」

ひょっとしたら、佐藤は自らのこれまでの姿を高橋に重ねているのではないだろうか。地域の仲間と協働して大きな農業生産グループをつくり、弥栄を中心にした地域の産業興しにつなげるという夢を抱いている佐藤は、その先導者としての役割を高橋に担ってほしいと期待しているのかもしれない。

5 小松光一――地域づくりの指南役

共同農場が青年セミナーの若者たちと協働して進めた地域づくりの立役者、それが小松光一である。小松は、一九六六（昭和四一）年、千葉大学を卒業後、千葉県農村中堅青年養成所（現・千葉県農業大学校）に勤務するかたわら農村の地域づくりや人材養成、そしてアジアとの交流問題に取り組んできた。一九九〇（平成二）年に千葉県農業大学校を退職してからは、グローバル地域研究所(2)を主宰するほか、有機農業を推進する株式会社である「大地を守る会」の顧問も二〇一三年まで務めてきた。

小松と弥栄とのかかわりは、第3章で紹介したように、青年セミナーのメンバーである佐々本との出会いからである。弥栄を訪れるたびに小松は、青年セミナーの若者たちが行う都市住民との交流など、地域づくりの活動に対してアドバイスや指導を行っていた。当時は、共同農場や青年セミナーの若者たちがそれぞれ独自に都市住民との交流活動を行っており、双方の活動におい

（2）経済がグローバル化するなかで、その傾向を疑問視する立場からグローバル化を研究することを目的に、小松光一が設立したもの。住所：〒140－0004　東京都品川区南品川5－10－43－2　TEL：03－3471－8332

て接点は見られなかった。

小松が佐藤に出会ったのは、自らが講師を務めた、京都の株式会社安全農産供給センター[3]が主催した研修会のときである。研修会の終了後に名刺交換をしたのだが、そのとき小松は、「共同農場のことは聞いていた。是非、訪ねてみたい」と佐藤に言ったようである。これがきっかけとなって二人の付き合いがはじまっている。ちなみに佐藤のほうも、講師として小松が来ることは事前に承知しており、「何とか小松に近づきたい」と思っていたというのが正直なところのようだ。

小松を介して共同農場と青年セミナーがつながったとき、小松が「弥栄の地域づくりは、双方が協働して進めることが不可欠」というアドバイスをしたことで、双方の団体が別々に行っていた活動が一つに集約されていくことになる。第3章で

農芸学校で講演する小松光一（1998年）

紹介したように、日本酒「やさか仙人」の製造をはじめ、共同農場が行っていた「コミューン学校」を青年セミナーと協働して行う「弥栄村農芸学校」に衣替えしたことなどがその一例である。「大地を守る会」の顧問を務めていた小松のもとで、佐藤は一九九六（平成八）年から六年間、同会の理事を務めた。小松と会議で一緒になり、直接指導を仰ぐ機会にも恵まれた。その際にさまざまなアドバイスを佐藤は受けたが、そのなかでも「経済を伴わない活動はダメだが、地域から支持を得ない活動もダメだ」と言われたことは今でも忘れられない、と筆者に語ってくれた。

小松は、二〇〇二（平成一四）年、弥栄村役場が主催した「元気が出る農業講演」のなかで「有機百倍　第六次産業の里づくり」と題した講演を行っている。この講演は、農家や役場職員、農業研修生、（財）ふるさと弥栄振興公社の職員を対象にしたものである。これまで共同農場や青年セミナー、集落営農組織、有機農業を実践する集団などが取り組んできた活動をもとにして、これから弥栄が進むべき羅針盤として「有機百倍　第六次産業の里づくり」を提案したわけである。

現在でこそ「農業の六次産業化」は国の重要な施策となり、珍しい用語でもないが、一〇年前

（3）自分たちの暮らしを見つめる活動のなかから安全な食材を共同購入するために、会員の出資によって、使い捨て時代を考える会の生産者会員、消費者会員を結ぶ共同購入事業として一九七五年に設立された。

の時期にこのような提言をする小松の先見性には敬服したい。せっかくの機会でもあるので、この講演での提案要旨を〈やさかタイムズ〉(二〇〇二年お正月号)を参考にして簡単に紹介しておこう。まず、これからの農業は競争が激化し、国際化するという情勢のもとでは有機農業といえども安閑としていられないという問題提起のあと、弥栄村の取り組むべき課題として次の三点を挙げている。

❶「加工型有機農業」に向けた展開。共同農場を中心に、農事組合法人ビゴル門田(第4章参照)などの集落営農組織と協働した農産物の生産と加工のさらなる取り組み。

❷「交流」の取り組み。「ふるさと体験村」を運営している財団法人ふるさと弥栄振興公社と、青年セミナーと共同農場で設立した「NPO法人ふるさとネットワーク」の二つの組織を中心にした都市住民とのさらなる交流。

❸「農家による農政」の実施。人任せではない、農業者自身が参加して農家による農政を行うこと。

以上の三つの提案、これらはすでに共同農場や青年セミナー、そして集落営農組織が十分ではないにしても積極的に取り組んできたものである。もちろん、そのことを知っている小松が、あえて「有機百倍　第六次産業の里づくり」と名付けて多くの村民に投げ掛けたのは、これまでの活動を広く弥栄の村民に知らせるとともに理解を求め、さらなる地域での拡がりを期待したものだと思われる。言い換えれば、メッセンジャーとしての役割を演じたのではないだろうか。

このような小松のことを、佐藤は常に「小松先生」と呼んでいる。個々の農家との信頼やつながりはできつつあった共同農場も、地域からは依然として孤立していた。小松の尽力があったからこそ、共同農場と弥栄の人たちとの融和ができたのである。小松も「仙人の使い」だったのではないかと考えられるが、この小松に対して佐藤は次のように語っている。

「僕にとって小松先生は、やっと出会えた農村、農業のこれからを語れるリーダー的な存在でした。平成元年に法人化して代表になって以降は、借金も財産だと強気になる反面、借金返済と資金繰りに追われ、潰れたらどうなる、何か打ち手はないかと目の前の現実にびくついていました。そんな自分の姿を見るにつけ、何と小心者なのかと常に自嘲してきました。それだけに、『前に進めよ』と背中を押してくれる小松先生の手は暖かいものでした」

現在の浜田市は、二〇〇五年（平成一七年）に旧浜田市、那賀郡金城町、旭町、弥栄村、三隅町の一市3町一村が広域合併した自治体であることは第1章で説明したが、この合併にあたってそれぞれの市町村は、それまで取り組んできた「まちづくり、むらづくり」を独自に進めることを目的に、地方自治法に基づかない独自の方式として「浜田那賀自治区制度」を設けて、合併後の一〇年間を一つの期間として実施している。

この「浜田那賀自治区制度」の詳しい紹介は第5章で行うが、弥栄町はこの地域自治区制度により、浜田市全体で行う施策とは別に、旧弥栄村の時代から進めてきた都市との交流や有機農業の展開、またその推進に必要な担い手確保や定住対策など特色ある施策を展開している。たとえば、すでに紹介した「弥栄自治区農業研修制度」や「弥栄自治区住みよい集落づくり事業」などである。こうした弥栄の「むらづくり」の底流に、小松のアドバイスが生きていることはまちがいない。

なお、全国的に見ても珍しい「浜田那賀自治区制度」を佐藤は高く評価している。佐藤なりの理解を筆者に語ってくれたので最後に紹介しておこう。

「自治区で思い浮かぶのは、モンゴル自治区やアメリカ・ワシントン州のインデアン自治区など政治的に保護されたものです。しかし、弥栄町などでのこの自治区は、政治で決まった市町村合併をより民主的に実現するために、旧市町村単位で社会的な仕組みを模索する準備期間であると言えます。かつて『精神的過疎』が農村の共同意識を風化させるという指摘がありました。私たち一人ひとりが、身の丈で職場や地域を支えるために、ほんの少しの行動をはじめていく準備期間ではないでしょうか」

6　佐藤富子（旧姓、鍵野富子）
――共同農場の仲間づくりを支える連結役

ここで紹介するのは、第2章でも紹介した佐藤隆の配偶者である。ここでは、共同農場で呼ばれている通り、旧姓の「鍵野」で話を進めていきたい。

兵庫県にある短期大学在学中、大阪市生野区内で社会福祉法人聖フランシスコ会が進めていた「ハンディキャップをもった子どものみの閉鎖的な施設で保育するのではなく、一般の子どもたちもやって来るようなオープンな施設」を目指した「生野こどもの家」建設に加わり、卒業後、ここに就職している。「生野こどもの家」にかかわるようになって、それまでは考えなかった「ハンディをもった人が生き切れない社会の存在など社会の抱える問題」を意識するようになったという。

また、それと同時に生活のあり方も考えるようになり、

経理を任されている佐藤富子

「単純に土とか農とかの暮らしにかかわりたい」、「汗水を垂らして働きたい」という気持ちも強くなり、「生野こどもの家」の休みを利用して富山県内で取り組まれていた「人と土の大学」に参加し、農薬の空中散布に反対して、「草刈り十字軍」とも呼ばれた山の下草刈りの活動に参加したという。

共同体のワークキャンプには、一九七五（昭和五〇）年の春に参加している。朝日新聞の文化面に掲載されていたワークキャンプ開催の紹介記事を見て関心をもったという。共同体のワークキャンプから「生野こどもの家」に帰った鍵野は、共同体の生活を体験して、「一つの屋根の下での共同生活にカルチャーショックを受けた」と言っている。と同時に、「自分で自分の生活を考えなければ駄目」と考えるようになり、ワークキャンプの一か月後には「生野こどもの家」を退職して弥栄にやって来た。

弥栄に来てから鍵野は、男女の区別なく、畑の開墾や森林組合から請け負った植林地の下草刈りなど共同体の建設を目指して汗を流すことになった。積雪で仕事のない冬は、メンバーとともに大阪まで出稼ぎに行き、ビルの窓拭きも経験している。

鍵野が弥栄にやって来た時期は、共同体が広島の消費者に向けた野菜の直販の見直しを検討し、冬季の仕事の確保にもつながる味噌づくりをはじめようとする時期であった。第2章でも紹介したように、この味噌づくりを担当したのが鍵野である。

鍵野は、「横谷集落のおばあちゃんたちと一緒に行った、味噌づくりの毎日が面白くて仕方なかった」と当時を回想するが、その想いを端的に表している言葉が〈やさかだより〉（一九七八年二号）に書かれていた。

「むらの人々の生活のひびきや暮らしの匂いのするような、そんなみそを作りたい」
「授産のかまどに火が入る」

これらの言葉は、横谷集落のおばあちゃんたちと協働して一つの作業に取り組む自らの喜び、味噌づくりを通じて農家に現金収入の道が開ける喜び、火を燃やし続けるために薪（共同体の活動）を入れ続けるという自らに課した目標、そして共同体建設の目的でもある「過疎の村の再生」に向けて第一歩を踏み出した喜びを素直に表している。

また、共同体の運営や生活資金を得るために行っていた急峻な山での下草刈り作業については、『俺たちの屋号はキョードータイ』のなかで次のように述べている。

「（前略）肉体的にはしんどいものの、心地よい疲れだった。急な斜面をヒイヒイと登って行き、フッと後ろを振り返ると、眼下には日本海が雄大に広がっており、水平線は確かにカーブしている。弥栄村も一望の元にある。（中略）田畑であくせくしていた時には、極端に言えば山は日当たりを悪くするうっとうしい存在でしかなかった。気分的にも周囲の視界が全部山で遮られているると、閉じ込められているような錯覚に陥ることもある。（中略）しかし、ここは山村なのだ。

平地の農村ではない。この山を生かさずして、どうしてここで生活していけようか——と、遅まきながら気がついた」（一〇三ページ）

この言葉は、山に囲まれた生活をネガティブに感じていた鍵野が、苦しい下草刈りの作業のなかで「うっとうしい山」をポジティブにとらえることができた瞬間を表している。絶望と希望は紙一重であり、双方を理解したときに閃きを感じるのかもしれない。

筆者は、鍵野の同じような想いを語った人物を知っている。その人とは、二〇〇九年度に「社団法人日本森林技術協会」などが主催した「第四回山村力《やまじから》コンクール」で最高位の林野庁長官賞に輝いた島根県津和野町日原の商人《あきんど》集落に住む田中幸一（五八歳）である。

彼の住む商人集落の林野率は九八パーセントで、山ばかりの所である。高齢者がほとんどの集落で新たに取り組む特産物を探していた田中は、たまたまヘリコプターで日原町の遊覧飛行をしたとき、「山ばかりで自分の住む家さえも分らない集落に一瞬地獄を見たが、同時に〝山こそ資源だ〟、〝山を生かした作物を作ろう〟」と思った。そして、集落に「榊《さかき》栽培」を働き掛け、集落のほぼ全戸にあたる二〇戸で「商人榊生産組合」を設立し、七ヘクタール栽培して約二〇〇〇万円近い販売額を上げる産地とした。仙人の声は、苦しみあぐねたときや絶望の淵に立ったときに聞くことができるのかもしれない。

一九九三（平成五）年、「過疎の村の再生」という目標に向かってともに共同農場の建設を行ってきた仲間が去ることになったときの鍵野の心境を〈やさかだより〉（一九九二年二号）で見てみよう。

「大事にしてきた〝共同性〟というものを、どのようにして生かしきれるのか？　各々自立、運営していく中でどう繋がっていけるのか？　村の中でどんな力となっていけるのか？　私にもわかりません」

仲間が去る寂しさと、これからの共同農場の運営の不透明さに対する不安を端的に表している。このときの経営危機は、仙人の使いである廣瀬が救ってくれたことは第3章で紹介した通りである。

味噌づくりを集落のおばあちゃんたちとはじめたとき鍵野は、「いっしょに働くおばあさんたちの次の世代の人ともいっしょに農場をやっていければ……」と考えていたそうだが、現在、味噌づくりや野菜の出荷調整などに多くの人々が共同農場に集まっていること、また仲間が多くいることに少なからず満足しているという。そして、共同農場の将来について鍵野は次のように語ってくれた。

「これからの共同農場の夢は、現在の事業規模を単に大きくするだけではなく、農業生産をやろうとしている地元の人たちや、共同農場で研修し独立した人たちと協働して一つの農業生産グループをつくることです」

のちに紹介するが、佐藤が考えるこれからの共同農場の姿と奇しくも同じであったことには驚かされた。これまでの四〇年間、佐藤と鍵野が心を一つにして、「過疎の村の再生」に向かって共同農場の運営に苦楽をともにしてきた姿を想った。

7 流通・販売の会社・団体——共同農場と消費者との架け橋

共同農場は「過疎の村の再生」を目標に、弥栄町の集落の人たちと協働しながら味噌や農産物の生産を行い、それらを生協や有機農産物を扱う販売会社を通して消費者に届けている。だからといって共同農場は、生協などの流通組織を単なるお得意様としてとらえているわけではない。有機農産物や有機加工品を販売しているだけではなく、「食の安全・安心」を通じて「過疎村の再生」を目指し、弥栄町の存在そのものを消費者に正しく伝えたいという共通認識のもとに取引を行っているのだ。

ここでは、味噌や農産物の販売とともに体験交流などを通して、弥栄町の自然を含めて消費者に情報を発信するという役割を担っている流通組織を紹介していこう。

（1）パルシステム生活協同組合連合会（略称：パルシステム）

パルシステムは、一都九県の地域生協が組合員の生活文化の向上を目的として活動している事業連合組織である。パルシステムとのかかわりは古く、共同農場の設立に参画したメンバーの一人がパルシステム東京の前身である「タマ消費生協」に勤務する職員と学生時代の知り合いだったことが縁となって取引がはじまっている。

タマ消費生協時代に「乾燥シイタケ」を手はじめに味噌などを販売して関係が深まっていったが、加工品の取り扱いだけではなく人的交流にも熱心に取り組んでもらった。現在行われている「産地ツアー」のようなパッケージ化されたものではなく、消費者自らが交通手段から宿泊先までを手配するという手弁当ぶりで、共同農場が行う有機農業や地域活性化にも共感していただくという熱心なファンも多かった。

住所：〒169−0072　東京都新宿区大久保2−2−6　ラクアス東新宿
電話：03−6233−7200
ホームページ：http://www.pal.or.jp/group/system/index.html

現在の共同農場があるのも、この人たちのおかげと言える。

野菜の取引は二〇〇〇年からだが、これは、共同農場が有機野菜の販路開拓していた時期と、パルシステムが「The ふーど」（現在はコア・フード）の名称でJAS有機の基準に合致した作物の取り扱いを検討していた時期と運よく重なったことによる。まさに相思相愛である。

二〇〇七年には、パルシステムに出荷する近畿、中国、四国、九州の生産者を対象として、年間を通じた農作物の供給や物流の合理化を目的に「西日本有機農業生産協同組合」が設立されたが、共同農場もこれに参加し、物流の経費節減に役立てている。

一方、パルシステムでは、生産者と消費者が産直を通じて相互理解を深めるために「パルシステム生産者・消費者協議会」を設けるとともに、生産者間では栽培品目や栽培地域での部会やブロック会議も設け、農法の研究や情報共有、そして地域活性化の研究にも取り組み続けている。筆者も二〇一二年九月、弥栄で開催された「関西以西ブロック会議」に参加させていただいたが、各地区からの報告や各生協からの情勢報告など熱心な情報交換が行われ、行政主体の会議ではない、生産者と消費者が有機の絆でつながる本物の情報交換の場を体験した。

パルシステムに対して「共同農場に対する期待」を聞いたところ、「有機栽培で農業をしたいという志をもった若者を育てて欲しいこと、また地域の雇用や活性化に効果のある味噌をはじめとした加工品の取り組みをさらに進めてほしい」という答えが返ってきた。この二つに関しては、共同農場と浜田市（弥栄町も含む）や県とが一つになった取り組みに対する評価をいただいたこと、そして、さらに他の地域に対して先導的な役割を演じてほしいという期待であろうと受け止めている。

あわせてパルシステムからは、手間のかかる有機農産物はどうしても価格が高くなってしまい、今の経済状況では購入できる人がかぎられていることを憂いて、「国や行政が有機農業生産者に環境保全などの補助金を支出する仕組みの拡大が必要であり、パルシステムとしても生産者と一緒に考え、ともに行動したいと考えている」という熱い想いも語っていただいたことを紹介しておきたい。

また、パルシステムより就農を考えている人に対するメッセージをいただいたので、その全文を紹介させていただく。

就農を目指す方へのメッセージ

農作物は、つくるだけでは売れません。買う側の生協としては、いつ、どれくらい納品してくれるのかということも取引の大きなポイントとなっています。どの農場で、何が、どれくらい収穫できるかを把握しているからこそ、注文に対応して出荷することができるのです。

その点、やさか共同農場は、事務局組織が生産者を支える体制を構築しています。パルシステムが注文した数量は、ほぼ確実に出荷してもらっています。天候などに左右されやすい農業において、これはなかなかできることではありません。生産状況を把握していることであり、一人ひとりとのつながりがしっかりしている証しでもあります。

佐藤代表は、農業に対して高い理念、信念を有する人ですが、決してそれを大上段に構えることなく、それぞれの相手の視線で語れる豊かな人間性をもっています。その証拠というわけではありませんが、パルシステムの役職員には佐藤代表のファンが少なくありません。

大規模な有機農業を目指すなら、やさか共同農場は非常にいい選択ではないでしょうか。東京にいる人からするとちょっと遠く感じるかもしれませんが、そのほうが覚悟も強固になるはずです。

(2) 大地を守る会

大地を守る会と共同農場との付き合いは、三〇年ほど前までさかのぼる。大地を守る会の大阪営業所が開設された折、大阪に駐在していた共同体のメンバーがその営業所にセールスに行ったのがはじまりだ。大地の会の長谷川満取締役は、「当時の『弥栄之郷共同体』という名前は、今でこそ仰々しく時代錯誤のように感じるが、まさにその時代を鮮明に映している」と語っている。「大地を守る会」を紹介するには、設立された時代背景の説明を欠かすことができない。この点については、長谷川取締役からいただいたコメントをもとに紹介したい。

「大地を守る会は、一九七五年、『安全な農産物の安定供給を』スローガンに発足したが、同じころに佐藤らが旧弥栄村に入り、農業を生活領域とした。時代は高度経済成長まっただ中で、労働力は地方から都会へと移動し、地方が疲弊していくという流れであった」

続けて、そのときの社会状況についてさらに詳しく紹介してくれた。

「当時の田中角栄総理が提唱した『日本列島改造論』は、交通網のインフラを地方まで整備し都市の富を地方に還元しようしたが、逆に労働力の都市への集中に拍車をかけることにもなり、成長する工業化社会は大量生産と大量消費を促し、効率と合理性を追求した結果、全国に環境破壊と汚染をもたらし、このことに異議を申し立てる動き

住所：〒261－8554 千葉市美浜区中瀬1－3　幕張テクノガーデンD棟21階
電話：043－213－5604
ホームページ：http://www.daichi.or.jp/

も各地で起こりはじめていた」

このような動きに対して、「大地を守る会は、農薬と化学肥料を前提とした近代農業を批判し、有機農業の普及とその農産物の販売に新たな地平を見いだそうとしたわけだが、その一方で佐藤ら共同体は、富の還元とは無縁な島根県の山深い旧弥栄村に拠点を置き、第一次産業を軸とした新たな生活創造の場をつくろうとしていた」と回想してくれた。

「弥栄之郷共同体と同様に都会から農村に生活を移し、価値を共有する者同士が共同生活をはじめるケースが各地に増えていた時期だが、それらの共同体とは違った。地元の人たちとの軋轢を避けるために人里離れた場所を拠点にする場合が多いなか、弥栄之郷共同体は村人に積極的に働き掛け、地域を巻き込んで農林業の再生に向けた新たな村づくりを試行していった」

このように言う、かつての共同体の建設運動を見てきた長谷川取締役の言葉は重い。第2章で共同農場の発展の礎の一つとして「集落との協働」を挙げているわけだが、長谷川取締役が同様の認識をもっていることに、当時をあまり知らない筆者は何故かうれしく思った。

また、次のように語ってくれた共同農場と地域とのかかわりに対する評価は、これから就農を目指す人々にとっても貴重なアドバイスになるだろう。

「大地を守る会との最初の取引商品は干しシイタケと味噌だったが、干しシイタケは地元の広葉樹を利用するなど旧弥栄村の産業として継続し、味噌は今で言うところの六次産業の走りとなっている。地域で収穫される大豆を加工して味噌にして販売することで村人に還元するという利害関係が、共同体への信頼度を増すことにつながっていったと思う。共同体が地域に溶け込むのに、佐藤らの性格のよさが役立ったと思う。同じ目線で相手の話をよく聞き、謙虚に教えをこう姿勢が自然に身に着いているのだろう。味噌づくりは地元のおばあちゃんに教わり、伝統食を共有することで自分たちだけの共同体から村人も入った新たな共同体に深化したと思う」

大地を守る会は、生産者の相互交流や研鑽などを目的に、産地もちまわりで生産者会議を開催しており、一九九二年には弥栄で「西日本地区生産者会議」を開催した。当時の共同農場は、これまでの任意組織の「弥栄之郷共同体」から「有限会社やさか共同農場」と名称を変え、地域に順化していったころである。長谷川取締役は、生産者会議を弥栄で開いた趣旨を次のように説明してくれた。

「私は、佐藤さんたちが弥栄村という条件があまりよくない中山間地域に入植し、一定の成果を上げている実績を他の生産者に見てもらいたいと思った。農業のあり方を根本的に問い、有畜複合経営で有機農業を実践し、冬期の労働を味噌づくりと畜産にあてて周年働ける環境をつくっていた。昨今、『中山間地域』を『条件不利益地域』と規定しているが、共同農場の取り組みはそれに当てはまらない。規模拡大、大量生産に適合しなければ『条件不利益』というレッテルを貼るような稚拙な発想は転換しなければならない。生産者会議に出席した他県の生産者は、会議を通じて、自らの生産基盤を見直す契機になったと思う」

一般的に、もちまわりで開催場所などを決めて行われる会議は往々にしてマンネリ化に陥りやすいものだ。しかし、このコメントを聞いたとき筆者は思わず鳥肌が立った。会議の趣旨を明確にもって運営されていること、主催者の生産者に対する熱い想い、そして大局をもって常日頃から考えておられる姿勢に感動してしまったのだ。

「これからも、地域のリーダーとして共同農場には歩んでもらいたいと思っている。そして、今まで通りの人と人との関係性を大事にし、地域の適正と規模を確認しながら、ゆとりと笑いのある新規就農者を育てていってもらいたいと思っている」

このように、共同農場に対する期待を述べる長谷川取締役から、これから就農を目指す人に対するメッセージをいただいたので、最後に紹介したい。

就農を目指す方へのメッセージ

新規就農者が浜田市（旧弥栄村）にも増えています。自治体が受け入れを応援していることが大きな要因ですが、共同農場のような先人が定住できる環境づくりに汗を流し、実際に営農で自立している生産者を輩出していることも安心感を与えます。共同農場の四〇年の歴史は、地域での有機農業の奨励、そして生産し販売する量が拡大したことも大事なことですが、もっとも声を大にしたいのは、耕す人を増やしたことではないでしょうか。

全国的に新規就農者が少しずつ増えているようです。農水省の調査では、三九歳以下で二〇一〇年度は一万三一五〇人、二〇一一年度は一万四二二〇名と一年で一〇〇〇名増えています。新規就農者のうち三割が有機農業を希望しています。今、全国の有機農業者は一万二〇〇〇名（そのうち、ＪＡＳ有機取得者は四〇〇〇名）です。しかし、有機農業を志しても途中で諦めたり挫折するケースもあると聞いています。

大地を守る会では、若い農業後継者を対象にした「全国後継者会議」を毎年開催してきています。地域では若い後継者が少なく、同世代の交流が少ないことがあり、地域を越えて交流の場をつくろうと毎年場所を変えて開催しています。

三年前（二〇〇九年）には共同農場で開催しました。佐藤隆さんの息子さんである大輔さんを中心に、共同農場の若い人たちが準備をして全国の後継者を迎え入れてくれました。大輔さんは、中山間地域であっても元気で明るく農業している現状を話し、現場を案内してくれました。参加者は多様な農業形態を学び、それぞれの地域に戻って持続性のある農業のヒントになったと思います。

農業という自然と対峙する仕事は、自分の感性を土台にしたマニュアルをつくらなければなりません。失敗を重ねてもそれを糧《かて》にし、有効な経験にしなければなりません。そして、より生活を早く安定していくためには、その地域で師を見つける必要があります。その師の失敗を含めた経験を知ることが自らの技を高めていくのです。共同農場の成功の陰には、多くの失敗も隠れていると思います。

若い人たちは、謙虚に先人の声に耳を傾けなければなりません。技術を修得したとしても、有機農業はその技術だけでは成し得ません。人との関係性を大事にする農業、つまり相互の信頼関係があってこそ有機農業は開花するのです。

大地を守る会の栽培基準の一つに「他人の悪口を言わない」というのがあります。言うなれば、自分をよく見せようとして相手を引き合いに出すことです。そうではなく、栽培においても情報開示し、お互い切磋琢磨していくことが技術向上につながるのです。

就農を考えている読者のみなさんは、このメッセージをどのように受け止めたであろうか。長年にわたり、有機農産物の販売を通して生産の現場や消費者の声を聞いてこられた長谷川取締役の言葉、おそらく心の奥底まで届いたことであろう。

（3）生活クラブ事業連合生活協同組合連合会（略称、生活クラブ生協）

　生活クラブ生協は、一九六八年に東京都世田谷区で産声を上げ、二〇一二年現在、北海道から兵庫県までの二一都道府県にある三二の生活クラブ生協と生活クラブ共済連とで「生活クラブ連合会」を構成している。組合員数は三四万世帯で、食料品や生活用品などの消費材の年間共同購入事業高は八六一億円（二〇一一年度）となっている[4]。

　生活クラブ生協の活動は、食を中心にした共同購入運動のほかに、組合員同士の共済事業や福祉事業、協働労働を進める「ワーカーズコレクティブ運動」、そして地域の暮らしをつくるといったさまざまな運動にまで拡がっている。

　役員付の田辺樹実さんは、生活クラブ生協は「牛乳の共同飲用運動」でスタートしたが、その取り組みのなかで価格構成は開示されず、原乳産地も不明、なかにはまがいものが良質であるかのように売れていることも判明し、消費する価値と売るための価値は別であることを学んだ、と言う。

（4）「消費材」という聞き慣れない言葉だが、生活クラブでは「商品」ではなく「消費材」と呼んで共同購入に取り組んでいる。

それ以後は、「素性を確かめる」活動を通して生産の背後にある社会構造も理解して消費することが必要であること、そして「商品価値より使用価値」、「生産へも影響を及ぼす消費態度が必要であること」、「組合員主権を大切にして大勢の組合員が活動するあり方を大切にし、『安全・健康・環境』を生活クラブ生協の原則」として定めて活動に取り組んでいる。また、「商品価値より使用価値」を表すために、価格の設定に関しては「使用価値重視」、「価格も素性」、再生産の観点から「生産原価」を大切にしているという。

生活クラブ生協では、産地見学会や産地交流会、学習会などの取り組みのほかに加工用トマトの定植や収穫を応援する「計画的労働参加活動」（繁忙期の労働応援）などを全国の産地で行っているが、この活動の一環で共同農場が行っている「農村塾」にも参加している（三泊四日程度）。こうした活動を通じて、新規就農者（希望者）も生まれているという。

このような活動をしている生活クラブ生協の田辺さんから、共同農場や就農を考えている人に

住所：〒160−0022 東京都新宿区新宿6−24−20
電話：03−5285−1771
ホームページ：http://seikatsuclub.coop/

対して温かい言葉と激励のコメントを送っていただいたので紹介しておこう。

就農を目指す方へのメッセージ

産直は共同農場の初期から取り組まれていましたが、この産直の経験は、私たちに多くの教訓をもたらしました。バイパス流通による価格や品質的改善を図れたこともさることながら、もっとも重要なことは、既成の概念から開放されたことです。生産者と消費者が顔を合わせて相互に理解しあうことを大事にした結果、既成の出荷規格にとらわれない「美しい（独自）出荷規格」をつくりだすことができました。対等互恵や相互信頼など約束を守ることが前提ですが、既存のルールではなく自由でよいのだということを知ったのです。生活クラブもそうした体験をもとに活動領域を拡大し、政治や労働も含めて「暮らしを自治する」活動として、できることを拡げてきた経験を有しています。

グローバル化が世界のスタンダードになったことと並行して、中山間地域を中心に進む過疎化やシャッター通りなど地方の疲弊が社会問題になりました。農業者人口が急減し、後継者不足も改善のめどが見えません。ＴＰＰが今騒ぎになり、国は「強い農業」の創出を声高に叫びますが、実現の予感がありません。というのも、農業は工業団地誘致のようにはいかないと思うからです。農業は地域の暮らしと不可分の要素が強いと思います。地域の気候や風土に即して調和的につくり出さなければなりません。また、地球環境を維持する仕事（都市部では大半が外部化されました）も担う必要があり、地域に根ざしてその地域の人々とのつながりのなかで頑張らなければなりません。そうした実例として、共同農場があると思います。

共同農場は、あるときから土地利用型農業に大きくシフトして、大規模放棄地（パイロット事業で造成後生産から撤退などで空き農場になった所）を生産の場として展開するなど新しい事業に取り組まれています。今後の構想として、共同農場と弥栄町農家との協同による事業をコアにして、それぞれ別法人を目指す大規模ネットワークとして協同体制を敷きたいとお聞きしていますが、四〇年前、「キョードータイ」として弥栄に入植し、その後の壮絶といってよい実践のなかで今日を築かれた佐藤さんたちだからこそ、共同農場の今後の実践に「強い農業」への答えがあるのではないかと期待しています。その実践を通じて、日本の農業のありようを導いてほしいです。

共同農場には、次代を担う多くの若い人たちが参加しています。一九名もの人たちが集落に定住し、自らの生産活動を進めるばかりでなく、集落の農業生産の下支えになっている凄さを体現しています。彼らにお聞きしたところでは、「共同農場は、自分の存在感がもてるところだ」、「思いと実践との差が少ない生き方をしていると思う。自分の思いで仕事も一生懸命になれる」、「自分らしい生き方ができる」などの声を聞くことができました。素晴らしいかぎりです。

新規就農者が参加の意思を表現でき、かつ具体的に受け入れることを可能にしている理由を明らかにしていただくことを期待します。そして、ぜひこの実態を近隣地域に拡げるべく、近隣地域にも働き掛ける発言と行動を期待します。

農業後継者は世襲とはかぎりません。新しい血が次の展開を開く可能性をもつと思います。ただし、新規就農者への行政的支援が必要であることも事実です。直接的にはチャレンジのための資金や農地、住宅、アフターケアーとしての相談ができる仕組みなどになりますが、間接的にはその地域の魅力です。自分も地域の一員として役に立つかかわりが求められ、人々とのかかわりのなかで自分らしさを発揮する、そうした「自治」的なあり方が魅力を醸すのではないでしょうか。

共同農場に対して過分なる激励をいただき、筆者からもお礼を述べたい。「新規就農者が参加の意思を表現でき、かつ具体的に受け入れることを可能にしている理由を明らかにしていただきたい」とのことだが、まさにご指摘いただいた視点に立って就農を考えておられる人たちや行政の関係者の方々にお伝えしたいという想いから本書を書かせていただいている。また、「近隣地

域にも働き掛ける発言と行動を期待」とあるが、これは共同農場に対しての期待であろうが、それ以上に、筆者をはじめ行政に携わる筆者に対しての叱咤だと考え、今後とも共同農場や弥栄町の取り組みを県内外の地域に発信していきたいと思っている。

(4) らでぃっしゅぼーや

「らでぃっしゅぼーや」は、有機・低農薬野菜、無添加食品、環境にやさしい日用品などを会員制で個別宅配事業を展開している会社である。取引は、二〇〇二(平成一二)年に共同農場の営業担当である山代繁広が、島根県内の業者とともに営業に出掛けたのが最初である。

味噌をはじめとして農産物の販売で親身な対応をいただいている事業本部農産グループのリーダーである潮田和也さんに、共同農場に対する評価と期待についてお聞きしたところ、次のようなコメントをいただいた。

やさか共同農場さんを訪問するときは、飛行場からレンタカーを借りてかなり辺鄙《へんぴ》な場所に行くわけですが(街に信号が一つもない、という話も聞いています)、冬の寒さは厳しいと想像します。しかし、自然に囲まれた素晴らしい地域だと思います。

「らでぃっしゅぼーや」には二〇〇〇戸以上の契約農家がおり、北海道から沖縄まで全国に散らばっています。作物をリレーさせ、継続的に仕入れられることや天候の不安定さによるリスクを回避するために、自然とこういう構成になったわけです。

そして私たちは、野菜や果物を届けるときに農家の住所も情報として表記しているのですが、これはトレーサビリティを目的としたものであり、食べた人が「このおいしいほうれんそうは、どこでつくったんだろう？」と、住所を頼りに地図で探し、そこの風土に思いを馳せてくれることを期待しているからです。

農産物は、緯度、標高、土質、内陸か沿岸か、太平洋側か日本海側かなどで作型が大きく変わります。おもしろいのは、やさか共同農場で悩んでいる害虫が他の地域とはまったく違っていることです。「所変われば」ということですが、こういったおもしろさ

住所：〒163－1416　東京都新宿区西新宿3－20－2　東京オペラシティビル
電話：03－6731－4520（代表）
ホームページ：
http://www.radishbo-ya.co.jp/

も消費者に伝え、農産物への興味のみならず、あたかも旅行に行ったかのようにその土地の風土に興味をもらってもらうことが理想だと思っています。

ただ、地方に移り、有機農業をはじめる若者たちの傾向としては、こういった自然に親しみながらのんびり暮らし、何とか食べていけたらいいと考え、規模の小さいまま農業を継続している方が多いというのが実状です。世界的に、有機農業の理念として「十分な量をつくる」という観点があります。有機栽培されたものをたくさんの人々に届け、そして経済的にも豊かになり、それによって後継者も育つ、という意味あいが必要だと思います。

私たち流通も、がんばってたくさん売るようにしていかなければならないのですが、農家の方たちには、せっかくいい農業をやっているのだから、もっともっとたくさん生産しようという意識をもってもらえることを期待しています。

その点で弥栄の地は、都市部から遠く輸送コストがかかるというデメリットはありますが、ほうれんそうが夏場も含めて周年つくれるという大きな優位性があるので、それを多いに活用していただければと思います。


有機農業といえども、後継者が育つ自立した農業経営体の育成を期待されているが、これはまさに考えを同じくするものである。流通に携わる人と生産に携わる人が、有機農業の目指す姿に

ついて共有できていること、それが信頼関係を育む唯一の方法であると感じた。

潮田さんからは、これから就農を考えているみなさんにも次のようなメッセージをいただいているので紹介しておきたい。

「有機農業は、生計を立てること、そして環境保全への志向の実現が叶えられる素晴らしい仕事です。農業は身に着くまでに時間がかかるので、ぜひ若いうちに経験していただき、自分に向いていると分かったら農家を目指していただきたいと思います。やさか共同農場さんは、まさにそういう人たちの団体です」

最後に、広報担当の益貴大さんからも非常に温かいメッセージをいただいているので、紹介しておきたい。

味噌などの取り扱いをきっかけに、「らでぃっしゅぼーや」の会員向けに葉物をメインに野菜を取り扱いさせていただいております。ほうれんそう、小松菜など、品質もよく美味しく好評です。また、原発事故以来、西日本の野菜を好まれる会員の方も多くなり、その意味では、関東の「らでぃっしゅぼーや」の会員の方たちにとっても重要な産地となっています。「らでぃっしゅぼーや」の本社とは地理的に遠く、一年に一度程度しか訪問できませんが、

有機認定を取得されて栽培管理がしっかりしており信頼がおけます。葉物という、遠隔地でも輸送コストが比較的かからない品目を選んでいる点も、地域農業のあり方においてはよいモデルケースになっていると思います。そして、有機農業を目指す若者たちに就農の機会を与えてくれる産地としても大いに期待しております。

ここでは、共同農場が販売面でお世話になっている各団体の方々から共同農場に対する期待や就農を考えている方に対するメッセージを掲載させていただいた。読者のみなさは気付いただろうか。共同農場の当初からの目標である「過疎の村の再生」というコンセプトを、これらの販売団体がきちんと受け止めていただいていることを。共同農場の商品を通して、それを消費者に届けているのだ。このような生産者と流通組織が一つになって消費者に情報が伝えられるという関係が築かれていること、そこに共同農場の「今」があると言える。それだけに、共同農場は今後さらに多くの消費者に向けて存在意味を拡げていく努力をしていかなければならない。

第5章

共同農場(共同体)の発展が地域に及ぼした影響

コミューン学校が開催した渓流釣りで指導する佐藤隆（1996年）

農業者の高齢化や兼業化、過疎化が進み、人口の減少に歯止めが掛からない状況にもかかわらず、また行政が講じる施策にもこれといった成果が見られないなかにあって、共同農場が試行錯誤を繰り返しながら集落の高齢者と一緒になって農業を行っている姿を見ると、何か革新的で、弥栄の将来の方向や光明を感じさせる。

それは、一般的な中山間地域では毎年多くの若者が働く場を求めて都会に出ていくという状況のなかで、旧弥栄村には都市から多くの若者がやって来ていること、これまで自給用だった野菜を広島の消費者に直接販売することにより換金作物に変えたこと、そして大豆を栽培して味噌づくりをはじめたことなど、新しい産業を生み出していることからも明らかである。

そこで、一九八〇年前後の弥栄村役場では、これまでの米と和牛、干しシイタケにかぎられていた農業生産構造に野菜も加え、新たな取り組みをはじめることになった。

本章では、共同農場（共同体）の取り組みをきっかけとして、役場が行うことになった農業振興や地域振興の新たな取り組みを紹介していくことにする。また、あわせて、それらの取り組みが役場だけにとどまらず、村内の若者や集落に与えた影響などもあわせて紹介していきたい。部分的にはこれまでに記したことと重複することもあるが、それだけ影響力が大きかったとしてご容赦願いたい。

1　村づくりや産業づくりに影響を与えた共同農場

(1) 役場直営の農産物販売

共同体が旧弥栄村に入村した翌年の一九七三年、弥栄村役場は「おむすびより柿の種を」と題する弥栄村総合振興計画を作成した。この振興計画について、『俺たちの屋号はキョードータイ』には以下のように書かれている。

「日銭稼ぎなどの目先の収入（おむすび）ばかりを求めないで、もっと村の将来の農業に役立つこと（柿の種）、例えば裏山に植林して山の木を生かした農業を試みるとか、田んぼの畦草を生かして牛を飼うなど、息の長い取り組みを始めよう」（六一ページ）

これを見ても分かるように、役場も兼業収入に頼る農業からの脱却を願って、和牛や植林を奨励していたことがうかがえる。

この振興計画に沿っているか否かは明らかでないが、旧弥栄村は一九七四年、共同体と同様に村内の農家から野菜を集荷し、広島の消費者に直接販売するという取り組みをはじめている。共同体が役場に照会したところ、「農家の人にやる気を起こしてもらう意味で、まず産直をはじめる」（六一ページ）と説明を受けたと書かれてあるが、共同体にとってははなはだ脅威であったのではないだろうか。しかし、その一方で、「山と傾斜した狭い畑と、そして階段状の水田とうまく組み合わせた、質素であっても足腰の強い農業を役場が目指していることに素直に感心した」（六一ページ）と複雑な心境を吐露している。

役場の野菜の集荷は、学校が休みの土曜日や日曜日に給食の配送トラックやスクールバスを使って職員が行っているため、かかるコストは共同体よりはるかに少ない。当然、共同体にとっては苦戦を強いられることになった。また、多くの農家が共同体と役場の双方に出荷するという事態も起こったようだ。

これについて農家は、「『こうして別々の日に集荷にこられては両方に野菜を出すしかないんよ』と、すまなさそうな顔で話してくれた」（六二ページ）という。共同体も農家に対して「役場には出荷しないでほしい」とも言えず、「この時ばかりは、役場の産直が憎たらしく思えてしようがなかった」（六二ページ）と書かれてある。

役場が取り組んだ野菜の広島に向けた販売事業について、当時の経済課長である西田博光に尋ねたところ次のように語ってくれた。

「農家が生産した野菜を役場職員自らがトラックで広島の住宅団地に持ち込んで現金に換える姿を見せることにより、農家に対して米に依存した農業からの脱却を示したいという趣旨でふた冬

（二年間）行ったが、議会から役場が直接的に経済活動を行うことについて否定的な意見も出され、この取り組みを一九七八（昭和五二）年に農協に引き継いだ。引き継ぎを受けた農協では、広島市内に販売の拠点となる支店を設けて取り組んでもらったが、野菜を販売するという経験のなかった農家から野菜を計画的に集荷することがうまくいかず、ついには広島市場から野菜を調達して販売するという工夫もしたが、結果的に採算があわず支店を一年足らずで閉鎖した」

役場が職員を動員してはじめた野菜の販売事業は、結果として成功しなかったことになるが、米や和牛、干シイタケの生産だけという弥栄の農業を変革しようと役場自らが汗を流した取り組みは、共同農場と同じく農家からも評価されたことだろう。

役場が取り組んだ野菜の販売事業は、共同体にとっては迷惑な取り組みではあったが、弥栄の農業を変えようとする前向きなものであり、共同体の活動をヒントにしたことはまちがいない。共同体の活動が行政に与えた最初の影響である。

共同体なくして、役場がその後に行う農業振興や定住対策の施策立案はなかったとも言える。経済課長の西田は、のちほど紹介する「体験農園の建設」や「コンベンションビレッジ弥栄村計画」などの立案と実施を先頭に立って進めていったわけだが、「そのアイデアの源は共同体の取り組みを参考にした」と言っている。それでは、県内の市町村などから注目を集めた施策を以下で紹介していこう。

(2) 体験農園の建設からコンベンションビレッジ弥栄計画へ

これまでに述べたように、野菜の共同販売や味噌づくりを通して役場と共同体との距離は短くなったことはまちがいない。一九七九(昭和五四)年には、共同体が単独で行っていた「ワークキャンプ」も役場や集落と一緒に行う「村づくりキャンプ」にまで拡大している。

当時、役場では水田の圃場整備を村内全域に進めていたわけだが、圃場整備後の担い手を確保することが大きな課題となっていた。そこで、共同体のある横谷集落の圃場整備にあわせて、Uターン者が戻ってきたときに農業技術を身に着ける場として、また新たな野菜を弥栄に導入・定着させるための栽培試験地として、国の補助事業である農業構造改善事業を活用して一九八三年に「体験農園」の整備を行っている(詳しくは第3章を参照)。

役場が体験農園を設置した理由について西田博光は、「広島市場から、弥栄の準高冷地という条件を生かしてほうれんそうなどの野菜生産に取り組んではどうかとの助言を得て農家にすすめたが反応が鈍く、それならばと、役場が農家に見せる必要があると考えた」と語っている。

当時、Uターン者のための農業研修施設を役場自らが設置するという取り組みは、県内の他の市町村では見られず画期的なものであった。これも、共同体が行ってきたワークキャンプに都市から多くの若者がやって来る様子に影響を受けた施策であることはまちがいない。

体験農園に役場職員の専任を配置し、研修生（Uターン者）の指導やほうれんそう栽培など新たな作物の試作に取り組んだが、その成果は、現在弥栄町で有機農業による葉物野菜の栽培を行っている農家が多いことに現れている。

体験農園の成果を受けて一九八六（昭和六一）年に旧弥栄村は、創村三〇周年を記念して開催された「村づくり総決起集会」のなかで「村づくり元年」の宣言を行い、その翌年「コンベンションビレッジ弥栄村計画」を策定した。この計画は、自然と里山を背景にした「都市との交流・田舎暮らし体験」によって村づくりを目指すというものだが、この計画も共同体の活動を取り入れて作成されているものである。

この計画に沿って役場は、共同農場に隣接する場所に、村内の古民家を譲り受けて移築した「箸立」という研修道場を建設し、続く一九八五（昭和六〇）年には、浜田市のダムで沈む集落の古民家を移築した「桑田」を、そして一九九九（平成一一）年には体験農園の交流・研修の看板施設となる

移築された古民家「箸立」（ふるさと体験村施設内）

「ふるさと交流館」を建設し、現在に続く姿になっている。また、これらの交流施設の運営にあたる主体として、一九九一（平成三）年に第三セクター「（財）ふるさと弥栄村振興公社」を設立している。

そして一九九二年からは、弥栄に二五年間住み続ければ貸与している家屋（新築）や住宅敷地を無償で払い下げるという「若者定住対策事業」を開始し、現在二〇世帯のIターン者が弥栄を第二の「ふるさと」として生活している。

インフラ整備にも力を注ぎ、ふるさと体験村までの交通アクセス改善を目的に、役場（現在の弥栄支所）付近からふるさと体験村まで「ふるさと農道」（幅員七メートル、延長約五キロメートル）の新設を行うとともに、広島県から弥栄までの時間短縮を図るために、隣接の金城町波佐からふるさと体験村までの道路である「森林基幹道金城弥栄線」（幅員七メートル、延長約八キロメートル）の新設工事も進めている。

旧弥栄村が取り組んだ「コンベンションビレッジ弥栄計画」を推進するためには、言うまでもなく多額の予算を必要とした。前述の西田は、「財政基盤の弱い村だけでは当然のごとく困難であったが、意欲的な村づくりを進める弥栄村の姿勢に対して島根県も積極的、集中的に応援し、かなりの財政支援措置を講じていただいた」と語っている。

「コンベンションビレッジ弥栄計画」は、島根県はもとより過疎化に悩む全国の中山間地域を抱える各県から注目されたが、この施策も、共同体が取り組んできた活動に少なからず影響を受けていることはまちがいない。

(3) U・Iターン者を対象にした「農業研修制度」と「空き家改修事業」

高齢化などで農業の担い手が減少する旧弥栄村であったが、その一方で、有機農業を中心とした環境に配慮した農業を研修しようと村外から共同農場へやって来る若者が多かった。この傾向をさらに促進させ、高齢化に悩む旧弥栄村の農業振興策および担い手確保対策の切り札として、役場は農業を志す村外の若者を対象にした農業研修制度を一九九八(平成一〇)年から実施している。これまでに、この制度を活用して二九名(現研修生を含む)が研修を受け、そのうち一四名が弥栄に定住している[1]。

現在は、専業で農業を志すコースのほかに、「田舎に住んで兼業農家になろう」をキャッチフレーズに「半農半X型U・Iターン農業研修生」の募集も行っている。もちろん、研修生を受け

(1) 二〇一三年四月一日現在。農業研修制度の研修期間は、農業専業型の場合は最大二年間となっている。世帯の場合、弥栄に定住することを条件にして、子どもがいる場合は月一九万円を支給している。

入れる農家として共同農場のほかに九戸を確保しており、研修生の希望に応じる研修態勢も整えている。

農業研修制度や共同農場が行う農村塾などで弥栄に来た人が定住する場合には、言うまでもなく住まいの確保が重要になる。この点についても、弥栄自治区の対応は手厚いものとなっている。住まいに対する支援は、大きく分けて二つある。一つは、住宅の新築、新築住宅の購入に対する補助制度である「弥栄自治区定住住宅建築費等補助金」だ。これは、弥栄に一〇年以上居住する見込みのある人など一定の要件を満たす人を対象に、専用住宅の新築または購入に要する経費の一部を補助するものである。補助額は、対象者の年齢や施工する建築業者を弥栄町内外で区分したりしているが、仮に四六歳未満の者が弥栄町内の建築事業者などを活用した場合の限度額は五〇〇万円となっている。

こうした制度は、金額の差こそあれ、全国的に見れば珍しいものではないだろう。しかし、次の制度は読者のみなさんも驚かれるにちがいない。

二つ目は、空き家の改修や新築用住宅地の確保を行う「弥栄自治区住みよい集落づくり事業」である。Ｉターン者が突然集落に入り、集落の住民との間で軋轢が生じているという問題を市町村などの関係機関の担当者が集まった会議で聞くことがある。この「弥栄自治区住みよい集落づくり事業」は、こうした問題を解決する妙案となるものである。補助事業の目的を、事業のＰＲ

ペーパーから引用してみよう。

　弥栄自治区には、二七集落があり、それぞれ単独の自治会として運営されています。集落と行政が協同して住民それぞれが住んでいて良かったと思えるようにこの事業に取り組んでおり、最終的には人口の流出防止が目的です。

　この事業は「集落魅力創出事業」と「集落機能維持事業」の二つに分かれているが、「集落魅力創出事業」のなかに、Ｉターン者の空き家の改修などを対象にしている「定住対策事業」が措置されている。これは、空き家や新築用住宅地の確保を目的としているものだが、これだけの説明では、何が「軋轢を解消する妙案」なのか理解できないと思う。妙案たる所以は、この事業の事業主体がＩターン者ではなく自治会ということだ。つまり、自治会がＩターン者の受け入れを決め、Ｉターン者に居住する住まい（空き家など）を斡旋・改修することを決め、弥栄支所に「定住対策事業」の採択を申請し、空き家の改修（リフォーム）に着手するということである。

　自治会のなかでＩターン者の受け入れに関する話し合いや合意形成の手続きが行われているため、集落の人たちにとっては「突然、Ｉターン者がやって来た」という戸惑いはなく、Ｉターン者との軋轢が生じるというリスクもかなり少ない。

ちなみに補助金は、単年度当たり一集落につき三〇〇万円を上限としている。現在、この事業で三世帯が集落に定住しており、一世帯がリフォーム中である。言うまでもなく、この事業はIターン者、集落の双方から喜ばれている。

全国的に見ても注目を浴びるこのような事業であるが、これを読者のみなさんに理解いただくためには、浜田市独自の「地域自治区制度」の説明をしないといけない。この制度については第4章ですでに触れているが、ここでは制度創設に至たる背景を含めて紹介したい。

二〇〇五（平成一七）年に旧浜田市と那賀郡の四町村が合併して浜田市となっているが、合併にあたり住民から、地域の特性や伝統、コミュニティーがどうなるのか、住民の意見が行政に反映されなくなるのではないか、市部中心の施策となり、旧町村独自の施策ができなくなるのではないか、という不安の声が上がってきた。

そこで、旧市町村ごとに「自治区」を設置し、それぞれの自治区に副市長である「自治区長」を据え、地域住民の意見を反映しながらそれぞれの地域において特色のある「地域の個性を生かしたまちづくり」が継続的に実施できるものとした。合併後、当面一〇年間の制度となっているが、「自治振興基金」がそれぞれ設けられており、必要とされる事業に当てられている。その後の仕組みについては、現在、市民の声を聴きながら検討されているということである。

「自治区制度」は二〇〇五（平成一七）年の地方自治法の改正で新たに位置づけられたものだが、

制度の施行が浜田市・那賀郡の合併協議には間に合わなかったため、浜田市・那賀郡独自の制度として行っている。

旧弥栄村は定住対策や農業の担い手対策に力を注いできたわけだが、弥栄自治区はこれまでの地域づくり事業を継承し、「弥栄自治区住みよい集落づくり事業」など独自の制度として変わらず実施している。この「地域自治区制度」のおかげで地域の課題解決が可能になっているだけに、二〇一五年以降もよい面に関しては引き続き継続してもらいたいところだ。

（4）農業研修制度が「農業と福祉をパッケージ」にした対策に発展

第1章で弥栄診療所の阿部所長が地域医療に取り組む姿を紹介させていただいたが、この阿部所長、医療だけでなく「弥栄の産業は農業と福祉、農業の担い手とともに福祉の担い手の確保も重要」と考え、弥栄支所に農業研修制度とパッケージにした福祉の人材確保を目的にした研修制度を三年越しで提案し、二〇一一（平成二三）年度より弥栄支所の独自制度として、介護福祉士やケアマネージャーなどの養成を目的とした「弥栄自治区定住促進福祉研修制度」をつくり上げた。

この制度はU・Iターン者を対象にしたもので、弥栄支所は弥栄町内の介護・福祉施設が雇用した場合には事業所に月額一〇万円の助成を行い、U・Iターン者には月額三万円を三年間にわたって支給するというものである。三万円ではあまりにも少なく、メリット感がないと感じられるかもしれないが、決してそうではない[2]。

阿部所長が提案したのは、弥栄町に就農を目指して来られる若者が配偶者と一緒に来ることを想定しており、一方が就農を、もう一方が介護福祉士（福祉施設での勤務経験三年）やケアマネージャー（勤務経験五年）の資格をとり、夫婦二人がそれぞれ職業人として自立できるスキルを身に着け、二人合わせて年間三五〇万円程度の所得が確保できるという定住モデルである。弥栄町で三五〇万円あれば、子どもの教育費を含めて生活が十分にできると考えてのことである。

しかし残念ながら、制度がはじまってから二年近くが経過したが、いまだにこの制度を利用した人が現れていない。阿部所長は、「制度は弥栄支所に提案し、制度化していただいたが、医師である自分にできることはここまで」と言って残念がられていた。また、「あとは関係機関の方の制度の普及にすがるしかない」と関係機関の奮起を期待している。それにしても、医療や保健衛生だけでなく、弥栄町の産業や定住までを考えている医師たちを抱えている浜田市の地域医療体制の素晴らしさに改めて驚いてしまった。

筆者は、早速、弥栄支所に出向き、福祉担当課長から状況を聞くことにした。

実績が出ていない原因の一つとして、農業の研修制度と福祉の研修制度の担当課が分かれており、それぞれが所管する事業のみをＰＲしているために福祉制度のメリットが対象者に伝わらないのではないかということが考えられた。阿部所長の当初の目的である「農業と福祉を一つのパッケージ」として就農や田舎暮らしを考えている人々に説明できれば、かなりの注目を浴びることがまちがいないであろうし、このような制度は全国どこを探してもないため、ＰＲの仕方さえ変えればかなりの応募が得られるものと思う。

愚痴を言う前に行動を、と筆者は思い、すぐさま弥栄支所の農政担当課長に改善を要請したところ、「今年（二〇一二年）九月、県外に住む幼児を抱える夫婦が弥栄支所に就農相談にやって来られた際、この二つの制度を説明し、現在、福祉施設と労働条件などについて詰めているところだ」とのことであった。どうやら、まったく取り組んでいないということではないようだ。

そこでさらに、「お客さんを待っているのではなく、弥栄の農業研修制度に福祉制度を加えたリーフレットを作成し、都市での就農相談会やホームページでの広報など、攻める姿勢が必要ではないでしょうか」と注文を出したところ、快く了解をいただいた。弥栄支所の農業と福祉をパッケージにした「担い手確保対策」が、読者のみなさんも含めて、多くの人々とって就農に向けた動機づけになることを期待したい。

（２）事業者からは、本人に対して一三万円が支給されている。

なお、先ほど紹介した幼児を抱える夫婦のその後だが、残念ながら第一号というわけにはいかなかった。その理由は、介護職場は昼夜の交替制勤務が原則となっており、幼児を抱える奥さんには介護施設での勤務と育児の調整ができなかったようだ。新たな問題の発生、何とか工夫したいところである。

ところで、このたびの事例を通じて、組織間の連携や各部局にまたがる施策を一つの物語に組み立てるスキルが行政職員には必要であることを改めて認識した。よく苦言されるように、「縦割り行政」は少なくとも地方自治体においては改善していかねばならない課題である。

素晴らしいアイデアを提供してくれた阿部所長、実は本業以外の活動もすごい。弥栄診療所に着任した年から、卒業大学でもある島根医科大学（現島根大学医学部）の現役学生に声をかけ、毎年夏に二〇名ほどを対象にサマースクールを開催しているほか（現在は授業となっている）、「もっとも緊急性の高い認知症の老人を地域で看よう、そのためにNPOをつくろう」と訴え、民生児童委員や社会福祉士、作業療法士など地域で福祉・医療に携わる人を結集して「NPO弥栄生活リハビリネット」も立ち上げ、認知症の高齢者グループホーム「ふじいさんち」の設立・運営にかかわっている。このNPO法人の立ち上げに、共同農場で農業研修を受け、共同農場のメンバーと結婚した伊藤晴子が中心になってかかわっていることもあわせて紹介しておく。

共同農場は農業を通じて過疎の村の再生を目指しているわけだが、阿部所長は医療や福祉を通じて過疎の村の再生に取り組んでいる。そして、佐々本を中心にした「青年セミナー」も地域づくりを通じて過疎の再生に努力している。このように、弥栄町には多くのポジティブな人材が住み、それらの人たちが影響を与えながら豊かな弥栄町づくりに取り組んでいる。第1章で弥栄町を「天空の農村」と表したわけだが、これは単に地形的な状況を表したものではなく、ここに住んでいる人たちの心の豊かさをも含んでのことである。

2　研修生の定着と有機農業による里づくり

ワークキャンプやコミューン学校、弥栄農芸学校、農村塾、弥栄支所農業研修制度などに県外から弥栄町にやって来た若者の一部は、研修修了後に共同農場へ就職したり、行政の支援を受けて弥栄町で就農するという動きが活発になってきた。

若者が弥栄に残ることを決断するためには住居や農地の確保が重要となるわけだが、知人や縁故のない彼らにとってはかなり難しい問題となる。そこで佐藤は、大豆の契約栽培でつながりのある集落や「農事組合法人森の里工房生産組合」の組合員を通じて、これらの若者を受け入れてもらうよう打診を行っている。

集落側からすれば、高齢化や過疎化が進み、冠婚葬祭や伝統行事の継承も困難になりつつあるという問題を抱えているため、佐藤の申し出に対して集落で話し合いを進め、若者の受け入れについて親身になって対応するようになった。

その結果、現在では弥栄町の全集落の三〇パーセントに当たる八集落に一九人が定住しており、世帯員を含めると四〇人近くが新たな町民となっている。限界集落化しつつある弥栄町の各集落にとって、共同農場の研修制度を終えて定住し、そして集落の担い手として活躍してくれる若者の存在は何をおいても最大の支援となっている。参考までに、二〇一三年四月一日現在の集落別人口を表として掲載しておこう。

これらの若者が従事する農業は、もちろん有機農業による里づくりである。共同農場が農業に取

弥栄町における研修生の定住先

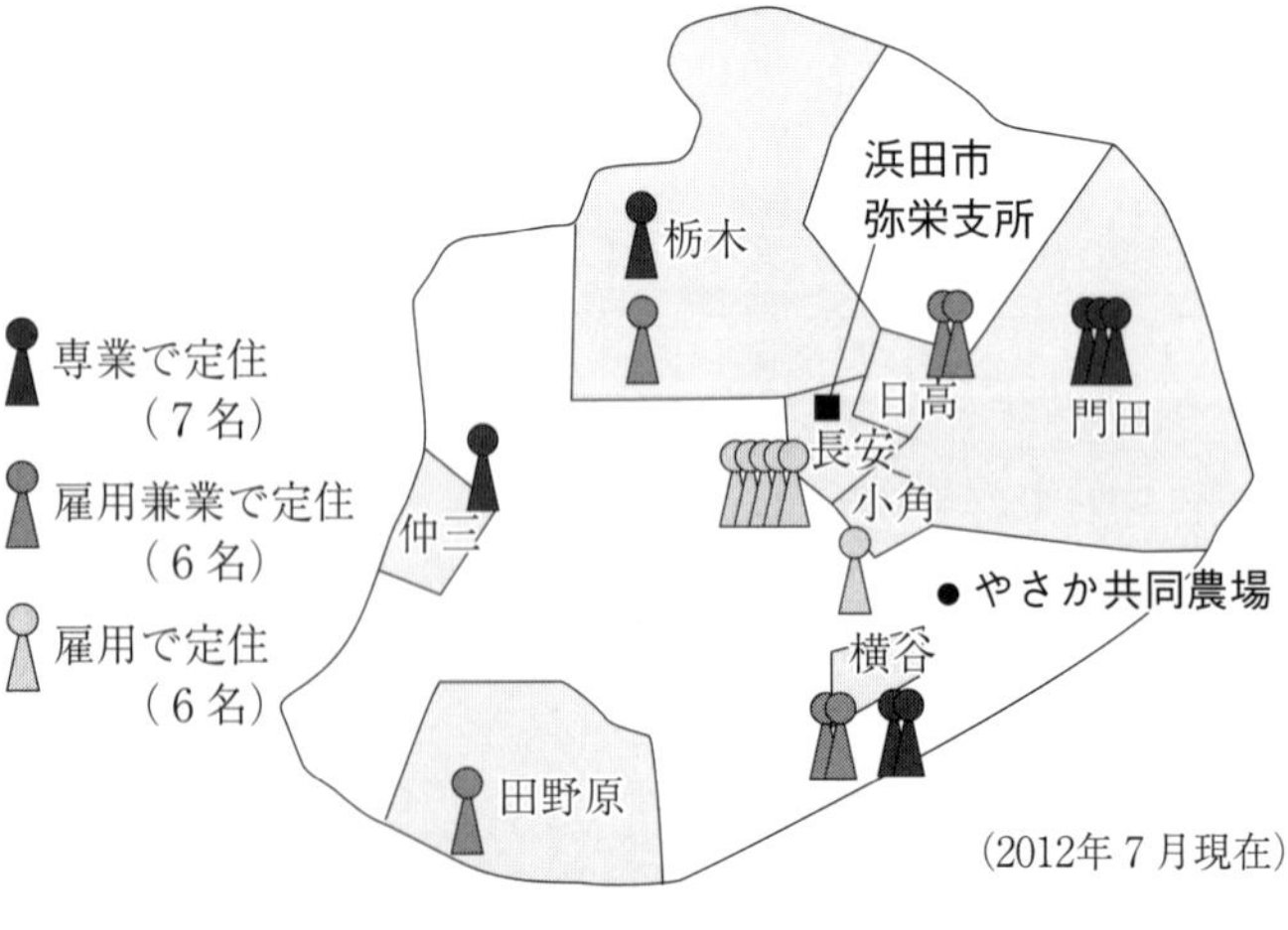

（2012年7月現在）

表4　住民基本台帳に見る集落の状況　(2013年4月1日現在)

旧大字名	世帯数	人数	高齢化率	集落名	世帯数	人口				
						合計	男	女	65歳以上	高齢化率
長安本郷	81	218	28.4%	寺組	28	73	32	41	23	31.5%
				宮組	33	97	56	41	18	18.6%
				本郷下	20	48	25	23	21	43.8%
三里	27	61	57.4%	小角	12	30	16	14	21	70.0%
				横谷	15	31	14	17	14	45.2%
程原	10	15	80.0%	程原	10	15	7	8	12	80.0%
大坪	21	35	54.3%	大坪	21	35	18	17	19	54.3%
稲代	31	73	34.2%	稲代	31	73	30	43	25	34.2%
高内	32	73	43.8%	日高	16	38	16	22	16	42.1%
				西河内	16	35	13	22	16	45.7%
門田	31	55	49.1%	門田	27	49	25	24	25	51.0%
				青尾	4	6	2	4	2	33.3%
小坂	52	116	42.2%	小坂	43	99	49	50	38	38.4%
				畑	9	17	8	9	11	64.7%
栃木	68	137	48.2%	栃木	60	122	56	66	56	45.9%
				山賀	8	15	7	8	10	66.7%
木都賀	219	504	38.7%	塚の元	26	47	25	22	18	38.3%
				錦ヶ岡	38	94	44	50	28	29.8%
				大斉	49	114	57	57	31	27.2%
				西の郷	44	119	56	63	51	42.9%
				仲三	35	77	41	36	41	53.2%
				小熊	6	12	8	4	7	58.3%
				熊の山	5	8	4	4	5	62.5%
				下谷	16	33	17	16	14	42.4%
野坂	40	85	45.9%	野坂	40	85	41	44	39	45.9%
田野原	9	11	90.9%	上田野原	4	5	2	3	4	80.0%
				下田野原	5	6	3	3	6	100.0%
小　計	621	1,383	41.3%	小　計	621	1,383	672	711	571	41.3%
老人施設	80	80	100.0%	寿光苑	47	47	19	28	47	100.0%
				弥栄苑	33	33	4	29	33	100.0%
合　計	701	1,463	44.5%	合　計	701	1,463	695	768	651	44.5%

(注1) 限界集落：高齢化率50%以上、戸数19戸以
(注2) 危機的集落：高齢化率70%以上、戸数9戸以下
(注3) 定住住宅整備集落
(注4) 空き家改修を行いUIターン者を受け入れた集落：上田野原、門田、西河内、日高

り組んで四〇年、消費者の食に対する安全・安心にこたえるべく村内の農家とともに試行錯誤し、また弥栄町の後継者の集まりである「青年セミナー」の仲間たちと協働して開講した「弥栄村農芸学校」などを通じて、有機農業や環境に配慮した農業生産に取り組む農家が着実に増えてきた。これらの農業者の一部は、「森の里生産工房生産組合」の組合員になったり、別の生産グループを立ち上げたりとさまざまであるが、どちらにしても有機農業にこだわった農業生産を営んでいる。かつて、米や和牛、干しシイタケ程度しか販売できなかった弥栄町が大変貌を遂げているのだ。

また、集落が主体的に取り組む都市交流もさらに盛んになっている。かつて、共同農場が村内の若者や地域と協働して進めてきた都市住民との交流活動に参加した集落のなかには、集落自らが主体となって都市との交流を進めるといった動きも現れている。

小坂集落では、二〇一一（平成二三）年、東京都品川区と交流協定を結び、弥栄の地で田植え体験や郷土食を食べる会などを開催しているほか、品川に出向いて弥栄町の紹介や物産の販売、郷土食を食べる会などを開催するという交流をすでにはじめている。

今のところ、このような取り組みをしているのは小坂集落だけだが、今後、他の集落にも発展することを期待するとともに、この集落が主体的に行う活性化の取り組みが全国のモデルとなって注目を浴びることを願っている。

第6章

就農・田舎暮らしの仕方

農家のおばあちゃん達と味噌づくり（1996年）

就農を考えているあなた、そして田舎暮らしを考えているあなたは、就農相談セミナー（就農相談会）への参加や農業雑誌などから多くの情報を得ているかもしれない。農業の担い手が高齢化するなかで新たな担い手を確保しようと、東京や大阪などの大都市で開催されている就農相談セミナーで各自治体の担当者などが、「わが県に、わが町に！」と参加者に呼びかけ、「わが町では至れり尽くせりの研修プログラムや就農前後の営農や生活資金の融資制度を用意していますよ！」と書かれたパンフレットを配布している。会場で手にするパンフレットは多い。しかし、その分だけ迷いも多くなる。

どこにしようか、何をしようか、お金は足りるか、仲間はいるのか、技術は大丈夫か、儲かるか、家はあるのか、付き合いはできるか、生活はできるか、土地はあるのだろうか、病院や学校はあるのか、交通の便はどうなっているのか、など悩みは尽きないだろう。

とはいえ、悩むだけでは一歩も踏み出せない。むしろ、知識や情報が決断を妨げることになるかもしれない。テレビの刑事ドラマで、行き詰ったときは「現場に戻れ」という台詞がよく聞かれる。同じく、迷ったときには実際に就農した人の声を聞くのがよいだろう。就農を果たした人たちは想いを成し遂げた人であり、一見するとどの人も同じように映るかもしれないが、それは違う。それぞれの人ごとに、就農したときに感じた戸惑いなどを克服していった過程が含まれている。就農という結果だけを見るのではなく、戸惑いを克服した過程にも注目していただきたい。

1　先輩から学ぶ

第4章では弥栄自治区農業研修制度を活用して共同農場で研修を受け、その後自営就農を果たした高橋伸幸夫妻を紹介したので、ここでは雇用就農を果たした人たちにご登場願い、経験に基づいた弥栄での生活を語ってもらうことにする。

また、共同農場での研修は受けていないが、第4章で紹介した「いわみ地方有機野菜の会」（一四七ページ）の会員のもとで研修を終了したあと自営就農をはじめた農家後継者にも登場いただいている。共同農場を通じて野菜の一部を販売しているが、今後、共同農場とともに弥栄の産業興し、地域づくりを担う仲間である。

共同農場に就職する人は男性ばかりではない。当然のことながら、女性もこれからの共同農場を支える担い手であるので、この人たちにもご登場願った。いずれにしても夢をかなえた人たちであるが、これまでの生活が必ずしもバラ色であったわけではない。読者のみなさんが、これらの人たちの言葉をどのように感じられるのかが楽しみである。まずは、レディーファーストで女性二人にご登場いただく。

（1）竹岡幸江

京都府から弥栄に来た竹岡幸江、三四歳。学生時代に洋画を学び、旅行好きだった彼女は、ある旅行雑誌に掲載されていたスペインの田舎に住むおばあさんの一言、「生まれたここが一番」と断言する言葉に衝撃を受けたという。自分はこれまでにさまざまな所に行っている。一方、このおばあさんは田舎を出たことがないという。にもかかわらず、なぜ断言できるのだろう。そんな驚きが、彼女の頭の中をめぐったのであろう。

弥栄には、「ＮＰＯふるさとネットワーク」が主催した「ふるさと発見ツアー」で初めてやって来た。このツアーの参加者が発した一言、「弥栄が一番」という言葉を信じてＩターン者となった。

共同農場では、野菜の出荷調整作業を担当している。彼女は、一緒に共同農場で研修を受けていた竹岡篤志（三五歳）と縁があり、結婚されている。現在、二人の子ども（五歳と二歳）を抱え、育児にも手がかかるときである。彼女から、弥栄に来た動機や現在の心境を綴ってもらったので、その全文を紹介したい。

一　大阪芸術大学を卒業後、アパレル業の販売員として働いたのですが、朝から晩まで、一年中エアコン完備の室内で過ごしたため四季の変化を感じることができず、なんだか無駄に思えるようになり、以前からの夢であった田舎暮らしのきっかけになればと旧弥栄村の研修生に応募しました。

もともと、主人も私も共同農場の研修生であったので、そのまま継続して弥栄町に居住し、共同農場で働いていくことにしました。主人は今、施設野菜部門の責任者として従事しています。私のほうは野菜の梱包作業のパートをしつつ、主に家事と育児に追われるという毎日です。二人とも、充実した日々を送っていると言えます。

今は働いている主人も、いずれは若い世代に交代して、自分の時間を少しでももつ余裕が生まれれば大豆か何かを自分の思うようにつくってみたいと思っています。また、元来旅行好きなので、子どもたちがもう少し大きくなったら家族でいろいろな所に行ってさま

出荷調整に励む竹岡幸江

ざまな経験をし、さまざまなものを見せて柔軟な考えのできる大人になって欲しいとも思っています。

人はよく「住めば都」と言いますが、弥栄に住みはじめてから一〇年ほど経ってから思うことは、まさしく弥栄がそうなのかもしれないということです。自然豊かな山村、四季の移ろい、信号もコンビニもないけれど、その分、車と人の渋滞がありません。レジに並んで待たされることもまずありません。人口が少ない分、みんなが助け合い、気遣いながら生きているという感じがします。

言うまでもなく、空気や水、そしてお米が美味しいです。心身ともに元気に生きられる、だからご長寿が多いのかしら。もちろん、子どもは家の周りで自由に遊べ、犬の散歩コースも豊富です。その一方で、「隣の芝生は青く見える」ということもあります。欲深い人間なら仕方のないことかもしれません。実際、マイナス面もありますから。時間が経つとともに、良い面とともにマイナス面に気付くようになります。「あそこはいいな」、「これは弥栄にはないな」ってことを、考えることが少なからずあります。

街で暮らしていたときは、あれを買わなきゃ、あそこに行かなきゃ、あれも見とかなきゃ、と流行りに振り回されて無闇に物欲を駆り立てられていたような気がします。本当に自分が欲しいもの、必要なもの、大切なものまでが曖昧になっていたのでしょう。

今は、流行のものは情報だけを耳に入れておけばいいと思うようになりました。見たかったなー、行きたかったなーと思っても、時間が経てば忘れていることが多く、諦めがついています。所詮、自分にとってはその程度のものだったのでしょう。そんなに多くはないですが、もしどうしても欲しいものがあったら、今の時代、インターネットで簡単に購入できますから。

弥栄に来て何かが掴めたかというと、それはまだ分かりません。日々の暮らしに追われて、忙しい、忙しいと時間ばかりがすぎているようにも思います。しかし、立ち止まって改めて考えてみれば、人生の目標や最終的に目指すことは何だろうかと思ってしまいます。子育てと同じで、何が正解かは分かりません。死ぬときに「幸せだったなー」と思えたなら、それが正解かと、とりあえず思っています。

今、親は働き、子どもは遊び、衣食住にある程度満足でき、一日に一度くらいは笑顔になれて、元気で家族一緒に過ごしています。それぞれが「自分は幸せだなー」と思えていたら、それでいいのではないでしょうか。今、弥栄にいて、私にはそう思えるときが少なからずあります。

自分の夢が一つかなっても、「隣の芝生は青く見える」というのは正直な感想だろう。「豊かな

天空の農村、弥栄」と言っても「青い鳥」まではいない。夢がかなったとき、その瞬間それは夢ではなくなり、次の目標（欲）が生まれてくる。そのことをいかに考えるかによって、「夢」であったことが「後悔」に転じることもあろう。このコメントを読んで筆者は、常に前向きな生き方やとらえ方をしている彼女を頼もしく思った。

（2）Aさん（匿名希望）

二人目の女性は、二〇一一年に東京都日野市から夫と幼児一人を伴って弥栄に来た人である。二〇一一年三月一一日の東日本大震災による原発事故を契機に、これまで温めていた田舎暮らしを決断して弥栄にやって来た。現在、夫は弥栄自治区の農業研修制度（半農半X、Xは農業以外の職業）の適用を受け、弥栄町内の農家で有機農業の研修中である。A自身は、パートタイムで共同農場に勤務し、主に野菜の調整作業を行っている。

街に暮らしていると便利で、モノにも囲まれているので、「自分でつくる、育てるということなどから離れすぎています。それらのことが身近にあるようにしたいと思って、また豊かな環境で暮らしたい」と話してくれたAだが、これは多くの人がもっている一般的な考え方であろう。

大震災の発生がきっかけとなった弥栄への移住だから、当然のことながら、田舎暮らしの情報や検討も十分ではなかったようだ。そんな環境のなかで弥栄に決めたのは、弥栄に住んでいた友人からの情報とアドバイスである。移住する前、その友人を介して弥栄の人たちとも実際に会って様子を聞いている。考えるだけの余裕もなかった状況だけに、「友人の協力は何物にも代え難いものだった」とAは感謝の気持ちを述べている。

実際に自分の目で見て確かめ、自ら納得するという一連の作業を短い時間に実行できたのは、彼女自身のポリシーがはっきりしており、これまで田舎暮らしを考えていた際に得られた情報が生かされたからであろう。

今、農業研修中の夫は兼業農家としての道に進むことを決めており、前職と同じく福祉施設に就職する方向で弥栄支所の担当者と相談しながら準備を進めている。研修中の夫の姿を見て、彼女は次のように言っている。

「一生懸命に研修に取り組む夫の姿勢を見て、大変さを感じました。また、農業という仕事は、想像するのと実際にやるのではかなりの違いがあるのだと思いました。研修が無理のない時間設定であること、そして農業に慣れていない初心者であり、移住したばかりの子ども連れの家族としてもありがたかったと思っています」

どうやら、弥栄自治区が行っている研修制度を評価していただいているようだ。参考までに、弥栄自治区の研修制度には、専業で農業を目指すコースと兼業で農業を目指すコース（半農半

X）の二通りから選択できることが特徴となっている。

突然はじめることになった田舎暮らしだが、それをするにあたっての課題であり、多くの人がもっとも関心の高い「集落との付き合い」、「生活の不便さ」、「子どもの教育」についてそれぞれコメントをいただいた。実に正直な気持ち、心の葛藤などがうかがえるこのコメント、田舎暮らしを考えている人にとっては最高のアドバイスになるかと思う。まずは、集落との付き合いから紹介しよう。

「周囲の人にいろいろと教えてもらって助かっていますが、実際に集落に入っても分らないことがたくさんあるし、子どもが小さいために手伝えないことも多くて迷惑をかけています。でも、みなさんよい人で、気遣っていただき、問題と言えるほどのことはありません。それに、Iターンの仲間が同じ立場として教えていただいたことがとても助かりました。経験談が参考になり、質問もしやすく、気持ちも分かってくれたので、この出会いには感謝しています」

周囲にIターン者がいて、相談にも乗ってもらえるような環境の有無が集落で孤立しないためには重要な要素となるようだ。次は生活の不便さだが、それについては次のように話してくれた。

「すぐに慣れたわけではありませんが、予想通りのものもあれば驚くこともありました。以前住んでいた東京の街とは違って、さまざまな商品において選択肢がないのです。一般的なものは手に入るのですが、子どもや自分たちの身体のことを考えて、欲しいと思えるものや行きたい場所はいつも遠くにあります。でも、必要なものが分かるということはよいことだと思っています」

彼女のコメント読むと、田舎暮らしのよさを感じる反面、都会における利便性も捨てがたいように筆者は感じた。しかし、彼女の言う「選択肢がないのです」という言葉からは学ばせてもらった。なぜなら、たしかに一般的なもの（合成洗剤や化学調味料）であれば町に唯一あるスーパーで購入することはできるが、ちょっとこだわったものとなるとやはり購入は難しいのだ。Ｉターン者が農村に求めているもの、それは自然豊かな環境と同じく、身体に優しいものなのかもしれない。

次も、関心の高い子どもの教育についてである。

「今後、子どもの数が減って、保育園や学校の統廃合などが心配です。また、給食も弥栄のなかでつくり続けて欲しいのですが、いつまで続くのかと心配しています。仮に子どものことで困ることができたら、また移住したいと思うかもしれません」

現在の状況に満足しながらも、人口の減少に歯止めがかからない状況を憂いている気持ちがよく伝わってくる内容である。というより、母親らしい正直なコメントではないだろうか。これをふまえて、弥栄に住むすべての人、そして弥栄自治区をはじめとする関係部署の人たちが、それぞれ魅力があって住みよい町づくりに向けてさらに努力をしていかなければならない。

さて最後に、田舎暮らしを考える人へのアドバイスをいただいたので紹介しておこう。

自分たちはまったくの初心者で、知識も乏しく、まるで飛び込み状態でした。「それでは大変だ！」という、典型的な事例だと思っています。初めての土地で、慣れないのは当たり前です。周りは土地の人、その親戚の人も多くみなさんはつながっていますが、私たちは人とのつながりがほとんどありません。Iターン者が孤立してしまうのは簡単なのです。

そんななかで救われたのは、同じIターン者との出会いや仕事の仲間、そして子どもと同じ保育園を利用する親の人たちでした。不安を述べることも多かったのですが、弥栄の自然に囲まれて、深呼吸する時間は街では得られない懐かしい感じがしました。子どもがこの空気を吸うことができて本当によかったと思っています。

田舎暮らしについては、テレビや雑誌からの情報は半分くらいでした。実際に現地を訪れ、良い話も悪い

雪景色の共同農場

話もなるべく聞いて、自分で納得できるなら生活を楽しめる可能性はあるのではないでしょうか。移住を考えている人は、ぜひ、雪の降る弥栄を見て判断してほしいです。何と言っても素晴らしいですから。

次は、男性からの意見を紹介していこう。一番手は、三四歳になる独身男性である。

(3) 杉山恒彦

弥栄自治区の農業研修制度を利用して二〇〇七年に広島から弥栄にやって来た杉山は、弥栄支所がある長安本郷の市営住宅に住んで共同農場まで通勤している。弥栄に来てから五年が経った。

京都の仏教大学で歴史を学び、学芸員の資格をもっている杉山だが、その方面での就職は難しいと考えていた。卒業後、郷里の広島でアルバイトをしながら生活をしていたある日、〈中国新聞〉に載っていた記事に興味を惹かれ、注意深く読んだところ弥栄の農業研修制度を知った。すぐさまインターネットで検索し、電話で弥栄支所の担当者からも話を聞いた。弥栄で農業研修をすることに対して、親などからはとくに反対はなかったと言う。

弥栄には浜田からバスに乗ってきたが、曲がり角の連続で「いったいどこに連れて行かれるのか？」と不安に思ったと言うが、十国トンネルを出て、目に飛び込んできた風景に「こんな所があるのか……」と感動したようだ。

一年間の研修の間、独立して新規就農をするか、共同農場に残るか、それとも一度広島に戻って身の振り方を考え直すかと迷ったと言う杉山だが、共同農場が取り組んでいる原料生産から加工までの一貫した工程や、広島、関西・関東への流通業者との関係、そして各地の生産者とのネットワークなど、共同農場の一員になれば学べることが多いのではないかと考え、就職の道を選んだという。とはいえ、「自営就農の道をあきらめたわけではない」。共同農場への就職は、次なる飛躍の一歩という位置づけのようだ。

研修に入る前は経済面や生活習慣の変化に不安もあったようだが、いざ研修に入ると、生活費に関しては農業研修制度からの支援と共同農場からの給与があり、住まいに関しては、市営住宅の斡旋もあることなどから「不安は一掃

小松菜の収穫を終えて集荷所に持参する杉山恒彦

された」と言う(1)。また、田舎暮らしについても、家族をもったときでも弥栄には保育所や診療所、デイサービスセンターなどもあるので、将来に不安を感じたことはなかったようだ。

「広島で生活をしていたときに比べたら自立しています」と言う杉山の現在の悩みは、結婚相手を探すことである。休日は浜田に買い物に行くか自宅でゴロゴロする程度で、なかなか女性と知り合う機会がない。しかし、弥栄には婚活の世話をする団体があるようで、先日も、弥栄に住む六人とともに広島まで行ってお見合いをしてきたと言う。「残念な結果に終わりました。しかし、これからも挑戦したい！」と言う杉山に、よき伴侶が見つかることを願っている。

現在、自分が耕作する農地はもっていないが、付き合いのある集落の人から、「希望すればいつでも貸してやるぞ」という温かい言葉をかけてもらっていると、満足げな表情をしていた。事実、そのための貯金も少しずつだが行っている。

弥栄に来た当初は、「正直言って、集落の行事や仕事などさまざまなことに戸惑いも感じた」そうだが、「今では、そのようなことの一つ一つが、集落や地域を維持するためには必要なことなのだと実感できるようになった」とも言っている。

(1)　現在、弥栄町には、Ｉ・Ｕターン者などが利用している市営住宅（賃貸住宅）が七集落に五〇世帯整備されている。三八ページの地図を参照。

筆者には逞しく感じられる杉山、婚活を続けながら、今後は弥栄の広告塔という役割を担っていくかもしれない。そんな杉山から、就農や田舎暮らしを考えている人にメッセージをもらったので紹介しよう。

何より、当初からあまり過度な期待をせず、不安をもたないようにすることです。とにかく、体験してみることが大事だと思います。就農にしろ、農村での定住にしろ、実際に経験してみなければ何も分かりません。時間の許すかぎり、なるべく多くの場所で体験してみるべきでしょう。場所が違えば、人・モノ・習慣などすべてが変わってきます。きっと、そのなかに自分にあった場所が見つかると思います。

（資料提供：浜田市　市民政策課）

「体験してみることが大事」と言う杉山に代わって、浜田市の「田舎暮らし体験施設」を紹介しておこう。弥栄町内に一世帯分確保しており、体験期間も一週間から一か月となっている。体験料は一週間単位となっており、九〇〇〇円である。浜田市への移住を検討されている人が、実際に「来て」、「見て」、「暮らして」もらうことを目的としているので、田舎暮らしを考えている人であれば気軽に利用することができる。是非、体験してみてはいかがだろうか。

（4）小松原修

小松原は、Iターンでも U ターンでもない。兼業農家の後継者としての就農である。浜田市内の高校を卒業して、同市内で土木関係の仕事に従事した。仕事が終われば、地元のバスケットボールクラブで汗を流すという毎日を過ごしていたスポーツマン、三〇歳である。

ある日、両親と食卓を囲んだ話のなかで、普段考えてもいなかった農業の話題になり、両親から「集落の農地が高齢化で耕作されなくなってきている。寂しくなってきた」と、愚痴とも言えるような話を聞いた。そのとき、小松原の頭の中に、「地元が衰退していくのは寂しい。何とか集落を元気にすることはできないか……」という考えが浮び、「俺が農業をする！」と決断した。

就農を決断したとき、当時付き合っていた女性（今の奥様・奈美さん）の了解は比較的容易に得られたというが、両親には反対されたという。農家であるがゆえに、農業で生活が成り立ち難いということを肌で感じている親としては、残念ながら一般的な見解であろう。

ところで、これまでに紹介した人は県外から島根県に来た人たちであるが、小松原は地元の出身である。ここで紹介するには、もちろん理由がある。職業を替え、浜田市や県の農業研修制度を活用して就農をはじめて四年になるが、就農時に作成した経営計画の「五年後の売り上げ目標一七〇〇万円」を大きく超える三〇〇〇万円を達成し、周りの先輩たちが驚くほどの好成績を収めている。その理由を多少なりと知れば、就農を志す人にとっても有益であろうと考え、ここで紹介することにした。

就農を決意した小松原は、ほうれんそうなどの葉物野菜の有機栽培経営（ハウス面積五〇アール）をしている三浦周策（三七歳）から、「うちの農場で、まず有機農業研修をしてみないか」と誘われ、二年間の研修を受けている。ちなみに、三浦はバスケットボールクラブのコーチであった。

農業に関してはまったく素人だから、最初は先輩から注意ばかりを受けていたと言う。しかし、「農業をする」という気持ちだけは強く、不安や迷いを感じたことはなかったとも言う。三か月ほどすぎたあたりから仕事にも慣れ、仕事も任されるようになった。その後、何とか有機栽培を学び独立することになったわけだが、このとき先輩から貴重なアドバイスを受けている。

「個人だと販売に苦戦するぞ。いくらよい野菜をつくっても、売れないと生活できない」

このアドバイスで、先輩自身も会員である「いわみ地方有機野菜の会」（会長・大畑安夫）への加入をすすめられた。「いわみ地方有機野菜の会」は、実質的なリーダーである佐々木一郎のもとで研修をした大畑安夫たちと、その孫弟子たちなどで構成されているグループである。第4章で紹介した串崎昭徳も会員の一人である。

小松原は、この会の定例会に毎月出席し、情報交換とともに先輩会員から技術的なアドバイスを受け続けることで栽培技術が日々向上していった。販売は、同会の会員が出資して設立した「(有)ぐり〜んは〜と」(代表者・佐々木一郎)に出荷することになり、販売面の心配をすることなく、有機野菜の生産に集中することができた。

現在の栽培面積は、ビニールハウス三四棟七〇アール、露地六〇アールにまで規模を拡大させている。売り上げも、前述したように、三年目には年間で三〇〇〇万円を超えるまでになっている。この成績に対して、「ぐり〜んは〜と」の社長である佐々木一郎もさすがに驚きを隠せない。

短い期間に規模を拡大できたのは、小松原の実家が農家で自作地を多く所有しており、資金調達力を備えていたからと思うかもしれないが、実はそうではない。自作地の二〇アールは、父親が依然として水稲を栽培しているので、小松原が拡大した農地はすべて借地なのだ。

就農時の農地は、研修中に父親とともに、高齢化が理由で農地の耕作が困難になってきた人たちにお願いに歩き、まず六〇アールの農地を確保したという。そして二年目の拡大には、野菜の調整作業のパートに来ていた人から、「歳をとって稲がつくれないから貸してあげる」と一〇〇アールの農地を貸してもらったという。また、ビニールハウスや灌水施設などに要する事業費は、県や浜田市の補助金と農協からの農業近代化資金で賄ったという。

小松原は、「Iターンの人のほうがむしろお金をもっていますよ。自分が用意した資金は五〇万円ほどです。借入金のための保証人や担保は提供していません。島根県農業信用基金協会の保証のおかげです」と言っていたが、その内容を少し補足しておこう。

島根県農業信用基金協会では、たとえば個人の認定農業者が金融機関から農業近代化資金を借り受けた場合、一八〇〇万円を限度に無担保・無保証人で保証を引き受けている。小松原は、この制度の適用を受けて事業資金を借りたのだ。

農地の確保や資金の準備といった面では、U・Iターン者の場合とさほど変わらない。あえて言えば、農家の後継者だけに信用力が高いと言えるかもしれない。知人や血縁

ポジティブな経営者、小松原修

がなく、しかも資金が十分でないIターン者が農地を確保したり、施設整備に要する事業資金を調達することは難しいかもしれないが、小松原の事例から、どのように対応、準備すればよいかというヒントが見えてくるのではないだろうか。

「自分は、たまたまいい環境のなかで農業ができているだけで、自分の力だけではここまでの農業はできません。いい仲間、いい付き合いがあってこそ、初めて事業が成り立ちます」と謙遜する小松原から、就農を考えている人に対して次のような熱いメッセージをもらった。

もともと田舎に住む者が言うのもおかしいですが、田舎の人は外から来る人に対して「壁」をつくります。しかし、打ち解けると一転して親切にしてくれます。できれば、就農をする前に集落に溶け込んでから農業をはじめるほうがよいと思います。

集落の集まりや会合にはなるべく顔を出すようにして、自分を表に出すようにして、知ってもらうことが一番の近道です。その後、「こういう農業をしたいのですが……」、「こういうことをしたいのですが……」という相談をしてみてはいかがでしょうか。不思議なことに、いろいろと助言してもらえますよ。なんと言っても、田舎の人たちは優しいですから。現に私も、落ち葉を利用しての土づくりに関しては、パートに来てもらっている一四人のおばちゃんたちから教えてもらいました。

都会に比べると、田舎は買い物や交通の面で不便があります。しかし、それが当たり前で、それが田舎のよさだと思っています。それを不便と思わない人こそ、田舎で農業ができると思います。

農家の後継者が就農したわけだが、小松原とて、集落の人たちとの付き合いが当然のようにできていたわけではない。このメッセージは、小松原自身が「外から来た人」という意識で集落の人たちのなかに飛び込んでいった経験をもとにしたものである。決して派手さはないが、成功するための秘訣が隠されているように思う。「成功は、就農の前に半分は決まっています」とも言う小松原のアドバイス、どのように受け止められただろうか。

最近、小松原は有機野菜の一部を共同農場にも出荷するようになった。さらなる販路拡大を目指す小松原の夢は大きい。

「今年中には法人化もしたいです。そのためにも、冬場の仕事として加工を考えています。それに、露地栽培も増やしていき、集落での雇用も増やしていきたいと思っています。農業で生活ができるという姿を見せることができれば、友達も弥栄に帰ってくるかもしれませんね」

共同農場や有機野菜生産グループと一緒になって、弥栄の産業活性化や地域づくりに取り組んでいこうとしている小松原に期待するのは、消費者に対するさらなるアピールだ。友達だけではなく、その若さを前面に押し出して、全国の人たちに農業の素晴らしさを訴えてほしい、と筆者は願っている。

（5）扇畑安志

弥栄自治区が行っている農業研修制度とは別に、浜田市全域を対象にした「浜田市ふるさと研修制度」を活用して二〇一一年から共同農場で研修に入り、現在自営就農を目指して、二〇一三年からの新たな研修計画と就農後の経営計画を定める「認定就農者計画」の作成を、弥栄支所や県の普及指導員のアドバイスを受けながら取り組んでいる三一歳である。

驚くことに、扇畑は湘南サーファーからの転進者である。東京や横浜にあるカフェで働いていた。研修中に結婚をしているが、妻は仕事の関係で神奈川県に残しており、取材時は別居中とのことであった。しかし、「二〇一二年四月には妻も弥栄にやって来ます」と笑顔を見せていた。

つてを頼って、近隣の益田市や津和野町で農業を行っている若者たちとバンドも結成しており、ギターを担当する朗らかな好青年である扇畑が、弥栄に来た動機を次のように語ってくれた。

「食や農業に対する興味が以前よりあり、いつか農業をしたという漠然とした想いがありました。そして、七年間の社会人生活のなかで、一生雇われる人生よりは自分で何かやり遂げたいという想いが強くなりました。自分自身のライフスタイルに合うのはどういう環境かと考えたとき、行き着いた答えが『自然と農村での暮らし』ということでした」

知人の紹介で、実際に農村に移住した人々を訪ね、農村での暮らしや農業についての話、そして病院や学校など生活に直接かかわることを聞いて回ったほか、全国新規就農相談センターが主催した「新・農業人フェア」などのイベントにも積極的に参加して情報を集めたという。それ以外にも、週末を利用して湘南近郊の農家のもとで農業体験（研修）をするなど、転身のための準備を十分に行ってきた。ちなみに、この時期には、農地と家がセットになっていた山形での就農を考えていた。

職業としての農業をやろうと決めたあとにしたことは、当時婚約中だった現在の妻と両親に対して理解を得ることだった。以前から農村での就農について話をしていたこと、そして東日本大震災の影響もあって、婚約者を「説得するにはあまり時間はかからなかった」と言うが、非農家の出身である両親を説得するには時間がかかったようだ。

「農業に対するイメージをあまりよく考えていなかったようで、本や雑誌などに出ていた成功例をいくつか挙げたりして、農業に対するイメージを見直してもらうように努めました」

おそらく、婚約者の理解よりも両親を説得するほうが難しかったのではないだろうか。先ほど紹介した小松原と同様、ともに両親の説得には時間をかけている。二〇一二年、共同農場が第六一回全国農業コンクールでグランプリに、また日本農林漁業振興協会長賞に輝いたことは、いまだに存在するであろう両親の不安を払拭することに少しは役立つのかもしれない。

扇畑の選択に誤りがなかったことを証明するには、今後の彼の取り組みが問われることになる。筆者も共同農場に出向いたときに佐藤らに尋ねてみたが、「農業はまったく未経験の彼だが、共同農場での研修に積極的に参加し、短い時間に多くのことを吸収するべく取り組んでいる。農業に対する姿勢がよい」ということで、安堵した。

研修中における不安などを尋ねたところ、次のような答えが返ってきた。

「農業機械にはまったく触れたこともなく、本やインターネットの情報を見ても、用語の意味も分からないような状態で最初はとても不安でしたが、いざ研修に入るとレベルの高い技術者が多く、丁寧な指導を受けられたので、抱いていた不安はいつの間にか払拭できました」

最初は分らないのが当たり前。共同農場の先輩たちもかつては扇畑と同じである。「そういった先輩の多い研修先かどうかも重要なポイントになります」と、扇畑は言っていた。

さて、自営就農を決めた扇畑だが、就農のイメージは研修に来る前と同じだったのだろうか。この点について、扇畑は次のように言っている。

「もともと露地で少量多品目を栽培する営農を考えていましたが、共同農場や周辺農家の方々からのアドバイスにより、ほうれんそうなどの葉物野菜を中心とした営農に変わってきました。就農に対するイメージが違ってきたことは想定外でしたが、現実と自分の思い描いていた農業をすり合わせるため、できるかぎり多くの方々の意見を聞き、弥栄の環境を見て回り、よく検討することでその違いを克服しました」

研修前の漠然とした気持ちと、研修を通じて、経営として成り立つ営農を考えたときには想定外の判断も迫られることになる。それに対して、柔軟な考えとその決断を再確認するための作業が必要となるようだ。

自営就農を決めるとなると、急がれるのは住まいや農地の確保である。空き家バンクに弥栄の情報が少なかったため、自分自身で情報収集を行ったり、共同農場の先輩の紹介を得たりして、門田集落の隣に位置する日高集落に確保することできた。日高集落のほうは、集落内での話し合いを通じて扇畑を次代を担う後継者として受け入れることに決め、現在「弥栄自治区住みよい集落づくり事業」（三〇〇万円）によって住宅のリフォーム中である。

大谷自治会長とリフォームの打ち合わせをする扇畑安志

農地の斡旋については、定住先の日高集落の自治会長でもある元弥栄支所産業課長で、現在は浜田市農林業支援センター長を務めている大谷《おおたに》十《と》三《み》一《かず》に筆者が照会したところ、「扇畑の希望がかなうよう、集落内の調整に取り組んでいきたい」という前向きな回答をいただいた。定住先に大谷のような理解者がいて、扇畑も「心強いことです」と喜んでいた。

扇畑からも、就農を検討している人に対してのアドバイスをもらったので紹介しよう。

まだ弥栄に来て一年少々ですが、私自身が感じた範囲で素直に書かせていただきます。

まず就農について、農業をどのようなスタイルで行うのかを決めることが大切だと思います。そして、そのスタイルにあう研修先をしっかり見極めて、研修を受けることです。これができたら、そのあとのことは自然に決まると思います。また、地域の環境、協力も必要になりますので、地域をよく知り、地域の方々としっかりとしたコミュニケーションをとることが必要です。これは、農村への定住についてはとくに重要なことだと思います。

農村は人々の関係が非常に密で、全員の協力体制のもとで地域が成り立っています。そのことを理解しないと、イライラしたり、ノイローゼ状態にもなりますので、積極的に行動し、貢献することで早く地域に溶け込むことを意識して下さい。それが、農村での定住の一歩につながると思います。

ここまで、就農や田舎暮らしを夢みて弥栄にやって来た人たちの言葉を通じて弥栄での生活を擬似体験していただいた。以下では、共同農場の四〇年間の歩みを通して、どのような「気持ち」、「心構え」、「姿勢で」のぞめば就農できるのかなどについて考えていくことにする。

2 就農成功の鍵

農業を職業として選択して就農するといっても、自分が目論んだ経営計画が達成しないようではどうしようもない。「やってみなければ分からない」と反発されるかもしれないが、このようなことではいささか心もとない。しかし、残念ながら、将来を誤りなく予知する能力は一般人にはない。一生を賭け、多額のお金を注ぎ込んで勝負するわけであるから失敗は許されないし、ましてや就農に夢を抱く夫についていく妻にとっては、不安だらけではなはだ迷惑な話となる。

では、どうすればよいのか。答えは簡単、先人に学ぶことだ。先人の成功例、失敗例を集めて分析し、成功するための共通項、失敗する共通項を探すことでリスクを最小限にとどめることができる。もっとも、成功する共通項が何であるかを教えたものはない。つまり、マニュアルがないこともふまえておかなければならない。

農業者を対象にした研修会などで、「何をつくれば儲かるのか?」と質問する人を見かけることがある。儲かる作物をつくれば失敗しないわけだから実に合理的な質問だが、この質問に「〇〇です」と明確に答えることのできる人を見たことがない。仮にいたとしたら、それはいささか怪しいものとなる。誰も分からないし、責任もとれないのだ。

「国の施策に従ってやったら失敗した」なんてことを言う人もいる。筆者のこれまでの経験では、「何をつくれば儲かるのか?」と質問する人は、必ずといってよいほど何をつくってもうまくいかない人である。また、研修会などで「〇〇が悪い」と叫び、農協や市役所、県などの担当者に苦情を言う人もいる。こういう人たちの経営内容は、ほぼまちがいなく「厳しい」と言ってよい。苦情を言いたくなるのは「厳しい」ことの裏返しであることに本人が気付いていないと思える。

こうした人たちに共通しているのは、経営者としての主体的な取り組み方に課題があるということだ。どんな作目でも、儲けている人もいれば儲けていない人もいるのだ。作目によって決まるのではなく、農業を営む人によって違うのだ。栽培や飼育技術の高い人は成功する確率は高いが、技術が少ないからといって悲観することはない。技術の低さを補完する方法を見つけた人は、「儲ける側」に仲間入りすることができる。

本題に入る前に、筆者の経験を二つほど紹介しておこう。

一つは、今から約三〇年前の「ハマボウフウ」の産地化である。「ハマボウフウ」とは、刺身などの料理の脇に添えられる妻物《つまもの》である。ハマボウフウを新たな特産にしようと考えたA産地とB産地は、ともに同じ国の補助金を活用して実証圃を設置した。しかし、A産地とB産地とではまったく反対の結果となった。A産地は三〇年近く経った現在でも産地として残っているが、B産地は一年の実証圃の設置が終わったあと二、三年でなくなってしまった。何が違ったのだろうか？

A産地は、葉タバコの転換作物として取り組んだのに対し、B産地はラッキョウの転換作物として取り組んだ。ともに土壌は砂地で変わりはない。就農を目指している人にはまだこの違いは分からないと思うが、実は、葉タバコの育苗は冬の時期に行う必要があるから苗床を暖める温床栽培が欠かせない。一方、ラッキョウの種球である「りん茎」の植え付けは露地にそのまま植えつけていた。実は、この温床技術の活用の有無が明暗を分けることになった。

A産地は、この温床を使ってビニールハウスの中でハマボウフウの「伏せこみ栽培」(2)を行い、露地栽培のものが出回らない一月から三月ごろまでに出荷できた。「トンネル被覆栽培」(3)を行ったB産地のほうは、出荷が二週間程度早まったにすぎず、市場に多く出回った時期と重なってしまった。とはいえ、この時点ではB産地にも成功のチャンスはまだ残されていた。つまり、先に取り組んだA産地に視察に行けばよかったのである。そうすれば、温床による伏せこみ栽培を知ることができたのだが、B産地はそれをせず、チャンスを逃してしまった。

二つ目は、今から四〇年ほど前になるが、同時期に同じ場所で、しかも同じ国の補助金を活用した大規模な畜産経営体の事例である。違うのは作目で、A経営体は和牛の六〇〇頭の繁殖（子取り）経営、B経営体は繁殖豚二〇〇頭の繁殖・肥育の一貫経営である。

A経営体は六〇〇頭の繁殖牛を飼育するために、タワーサイロから粗飼料である牧草サイレージを機械で掻き出し、それをベルトコンベアで牛舎の飼槽に落とすという、島根県でも例のない自動給餌システムを採用していた。また、繁殖牛の一群五〇頭を収容できる牛舎をもち、子牛も一群で管理するという当時としては最先端の技術が導入されていた。そして、経営者は、島根県でも屈指の和牛改良の技術者であった。

一方、B経営体は、国の補助事業担当者の反対を押し切ってウインドレス豚舎を建設した。現在では防疫上一般的となっているが、一九七〇年ごろの日本にはまだなかった豚舎である。補助事業の担当者が同意を渋る気持ちも分からないではないが、すでに外国で見ていて確信をもっていたBの経営者は業を煮やし、「あなたに経営の責任がとれるのか？」と詰め寄ったという。

（2）春から秋にかけて露地で養成した根株を、冬季にハウス内に持ち込んで生育を促し、出芽する地上部の収穫を行う栽培法のこと。

（3）フラッチック製などの支柱の両端を土壌に挿して、かまぼこ型の骨組みをつくり、ビニルフィルムなどを上にかけてトンネル状に覆い、その中で野菜を栽培すること。寒さや霜などの害を抑えることができる。

また、飼料の配合も一般的に使われていた「可消化たんぱく質（DCP）」に基づく飼料計算ではなく、より細かなアミノ酸レベルでの飼料計算を行っていた。当時の日本では、アミノ酸レベルの必要量の基準などは一般化していなかった。しかも、トウモロコシや麦など多種類の餌から「もっとも価格的に安く、しかも必要の養分量を満たすこと」が必要であり、Bの経営者はこれを「リニアプログラミング（線形計画法）」を使って計算していた。「リニアプログラミング」とは、第二次世界大戦中のアメリカが、島々に物資を運ぶ際にもっとも合理的な経路を決定するために開発されたものである。

Bの経営者は、アミノ酸の必要量はアメリカでの視察のなかで、「大豆協会の資料のなかから見つけた」と言っていた。なにしろ彼は、外国航路の船乗りからの転進であった。

さて、読者の方はA経営体とB経営体はどのような結果になったと思われるだろうか。

新規就農者であるB経営体は、数年後には養豚場建設時に借り入れた財政投融資資金を繰り上げ償還するほどの成功を成し遂げ、今では繁殖豚一二〇〇頭を飼育し、さらに一〇〇〇頭の増頭を計画している。一方、A経営体は、経営当初から度重なる機械のトラブルや子牛の集団的な下痢に悩まされ、目論んだ経営計画を達成することができなかった。

技術の高い経営者が目論み通りにならず、比較的技術の乏しい新規就農者が成功した理由は何か？　みなさん、少し考えていただきたい。成功した理由も、思うようにいかなかった理由も、考えることが必要である。必ずしも正解を導くことができないかもしれないが、「これでは？」と考え続けることが大切なのだ。

Ａ経営体は牛を育成する技術は高かったが、最先端をいく牛舎で必要となる六〇〇頭という多頭飼育技術をもち合わせていなかった。最先端の自動給餌システムを信頼したが、意外にも故障が多く、しかも修理やメンテナンスは業者に依存せざるをえなかったので多くの時間を要することになった。加えて、多頭飼育の衛生プログラムも不十分で、子牛の下痢（白痢）にも悩まされてしまった。

機械化して多頭飼育を目指したが、先端技術は意外にも脆弱なものだった。一方のＢ経営体は、豚の飼育技術は乏しかったが、どのような環境にすれば効率的に飼うことができるのか、儲かるのかという視点からのアプローチを心掛けるなど、豚の合理的な飼育方法に挑戦した。たとえば、豚の疾病などの防疫上の観点からウインドレス豚舎を導入したこと、そして、競争力のある生産原価とするために飼料費を徹底的に切り詰めてアミノ酸レベルの飼料配合計算を導入したことである。

不確かだが、一九八〇年ごろ、一キログラム当たりの配合飼料費は四〇円ぐらいだったと思うが、これを三〇円程度でつくっていたのではないかと記憶している。また、船の機関士の最高ランクの資格をもつＢの経営者は、「豚舎の電気配線図くらいはいくらでも読める」と、簡単な修理であれば自分で行っていた。

二つの例を示したが、残念ながら当時の筆者は、この事実を目の当たりにしてもどうすることもできなかった。とくに和牛繁殖経営のAからは、「俺たちは多くのお金を使って勉強したが、君はタダで勉強している」と言われたことを覚えている。できることと言えば、改善に向けた対症療法的な助言でしかなかった。経験的なことを言わせていただければ、事業に着手する前の計画、準備段階で、おおよその成否が決まるのかもしれない。

知識や実力の乏しい筆者だが、先人の結果を振り返ることはできる。そういう姿勢がこれからのリスクを少しでも減らすことにつながり、その結果が成功を勝ち取るための近道だと信じている。

さて、前置きが長くなったが、ここからは、共同農場の取り組みについて、これまでの各章で説明してきた事実をもとに「成功の鍵」を探っていくことにする。

読者のみなさんは、ここまで本書を読まれて気付かれただろうか。縁もなく、知人もいない弥栄、それもさらに奥深い高齢者のみの笹目原やって来た共同体のメンバーは、弥栄の人たちのみならず警察などからも警戒されたが、いつの間にか共同体（共同農場）のファンが増え、ついには彼らの取り組みが地域に大きな影響を与えるまでになったことに。

第2章では共同農場の四〇年間の歩みを紹介してきたが、決して平坦な道ではなく、挫折しそうなときも一度や二度ではなかった。挫折しそうなときには、必ずといってよいほど仙人の使いらしき者が現れ、次へのステップに上らせている。

たまたま結果オーライであって、運に恵まれた特別な事例と片づけることもできるが、筆者は決してそう思わない。運がよかったのではなく、運を引き寄せた、あるいは運をつかんだと考えるほうが正しいだろう。「運を引き寄せる」のはたまたまではなく、必然の結果なのだ。それでは、その必然を一つ一つ繙いていくことにしよう。

(1) 地域に心を開こう

一九七〇年代、各地に広がった共同体（コミューン）の多くは長続きしていない。弥栄乃郷共同体の前身である「備北共同体」も、佐藤が建設に直接かかわった「朽木共同体」も、ともに「生活と生産が一つ」という共同体運動の理念が個人の経営（自立）との狭間で行き詰まり解散している。しかし、弥栄乃郷共同体は生き残った。いったい、どこに違いがあったのだろうか。

共同体運動に関しては知識も経験もない筆者だが、それなりに思うところがある。弥栄の場合は、入村してまもなく集落とのかかわりができている。共同体のメンバーが意識したかどうかは分からないが、横谷集落のおばあちゃんたちが親身に接してくれたことが大きいだろう。

生活が不便で、山に挟まれたわずかな農地しかない横谷集落の若者の多くが都会に出ていくなかで、逆に都会から若者が来たことをおばあちゃんたちは不可解に思ったにちがいない。しかし、真面目に畑を開墾する姿を見て我が子のような気持ちとなり、「助けてやりたい」と心を喚起させたのではないだろうか。おばあちゃんたちと一緒になって行った野菜の産直や味噌づくりなどの活動が、結果として他の集落にも波及し、当時の弥栄の住民が抱いていた警戒心を解くことになった。

遅ればせながら、これまでに何度か登場した弥栄のおばあちゃんたちを、〈やさかだより〉(一九七八年、二号)に掲載された「やさかみそ　スタッフ紹介」から引用しつつ(似顔絵も)、佐藤富子から聞き取りをした内容をふまえて紹介させていただく。

まず一人目は、瀬川ツタエさん、当時五五歳。共同体のある笹目原の住民で、ここで生まれ、ここで育ったという生粋の弥栄女性である。野菜づくりをしながら孫の世話をしていた。働き者で、「冬の間、孫の子守りはおっさんがやるけえ、わしがみそづくりに行きましょう」とスタッフに志願してくれた。佐藤富子は、「瓜実顔の美人で、いつもニコニコ、物事に動ぜず、なにしても『ええでな』と言っておられたのを思い出す」と言う。

瀬川ツタエさん

二人目は、徳田チカヨさん、当時六五歳。同じく笹目原の住民で、今は亡き人である。炭鉱で働いたり、目の見えないおじいさんの世話を長年みていたという苦労の絶えない人であった。〈やさかだより〉ではその人柄を、「共同体に就職するでよー、ワッハッハ！」と底抜けに明るいバイタリティーのある人と紹介している。佐藤富子は、「冗談を言ってみんなを笑わすなど、明るく人を和ませる人だが、自分のポリシーをしっかりもっていた人だった」と、当時を懐かしんでいた。

三人目は岩田良香《よしか》さん、当時五二歳。笹目原に住む岩田さんは、みんなから姓ではなくて屋号の「上峠《かみだお》さん」と呼ばれていた。当時は、夫と二人で米をつくったり自分の山の手入れをしたりと忙しくしていたが、「冬は雪の中、暇で退屈で……」と、働かずにはいられないと言って味噌づくりに参加してもらった。〈やさかだより〉によると、「最近、（髪を）ショートカットにしてますます若返ってきた」と紹介してあるなど、味噌づくりを楽しんでいた様子がうかがえる。佐藤富子は、「当時の弥栄の女性では少なかった車も運転するしっかり者で、仕事の段取りが上手な人だった」と話してくれた。

おばあちゃんたちの助けもあって、共同体と地域との間に育まれていった絆が共同体の存続に大きく貢献してきた。この絆がなければ、弥栄

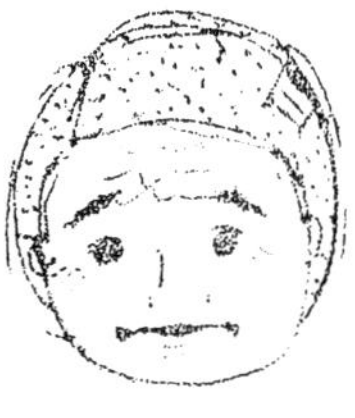
徳田チカヨさん

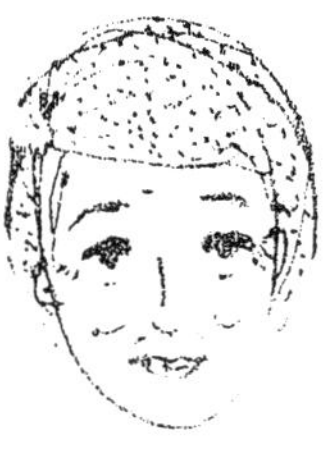
岩田良香さん

乃郷共同体も他の共同体と同様に解散していたことだろう。ひょっとしたら、他の共同体では、徳田さんや瀬川さん、岩田（上峠）さんのようなおばあちゃんたちとの出会いがなかったのかもしれない。

とにかく、地元の人の心をつかもうとする姿勢が大切であり、積極的に地元の輪のなかに入っていく努力が必要なことを教えている。

(2) トラブルは飛躍と考えよう

「Aイコール・ノットA」という言葉をご存知だろうか。「AはAでないものと同じである。まったく逆なもの、相反するものが、同時にひとつとして成り立つ」ということらしい。実は、この言葉は鈴木大拙の言葉だと、以前読んだ『真宗の大意』(4)（信楽峻麿、法蔵館、二〇〇〇年、一一八ページ）に書かれてあった。

宗教的な知識のまったくないない筆者だが、何故かうなずけたことを覚えている。また、その本には、「おのれの黒い影が見えてくるということは、そのまま自分自身が暖かい、明るい光をいっぱいに浴びているということで、光明と陰影は同時存在です」（前掲書、一一七ページ）とも述べられている。これを筆者は、「問題が生じたときこそ、チャンスの種がまさに芽を伸ばそうとしている瞬間であり、飛躍の一歩」と勝手な解釈をしている。これを共同農場の四〇年に当てはめて考えると、思い立つ事例がある。

一つは、やっとの思いで弥栄の集落と協働して野菜の直販に漕ぎ着け、「過疎の村の再生」に向けた一歩と喜んだのも束の間、採算にあわず中止せざるを得なくなる。喜びのあとに絶望がやって来る。しかし、絶望の淵に辿り着いたからこそ味噌づくりに気付いた。とはいっても、味噌をつくる知識はない。そこに仙人の使いがやって来て、企業的な味噌づくりを伝授された。そして今がある。なんとなく「Aイコール・ノットA」のような気もする。

二つ目は、共同農場のメンバーで、共同体時代から「過疎の村の再生」を目標に苦楽をともにした仲間との別れの場面である。牛や豚、精肉加工、野菜の直販組織の事業が比較的順調に推移したときだが、理由はともかく、それぞれが経営的な自立を考え、共同農場の事業から分離独立することになる。残された味噌づくりだけの収入ではこれまでの半分にすぎず、経営危機に直面することになった。ここでも、成功の明かりが見えはじめた途端に絶望の淵を見ている。しかし、ここで佐藤は、これまでの共同農場の味噌づくりの弱点を発見し、克服するために集

（4）（一八七〇～一九六六）禅についての著作を英語で著し、日本の禅文化を海外に広くしらしめた仏教学者。約一〇〇冊ある著者の内二三が英文で書かれている。梅原猛は「近代日本最大の仏教者」と言っている。一九四九年に文化勲章を受賞。

落との協働による大豆生産を開始し、再生への一歩を踏み出した。言ってみれば、弱点を集落の人たちに助けてもらおうとしたわけである。そして今がある。ここにも「Aイコール・ノットA」が潜んでいるようだ。

三つ目は、少しささいな話になるが、共同体が野菜の直販を止めて出稼ぎ体質から抜け出そうとしたのは、決して自主的に考えたことではないということだ。第2章では紹介しなかったが、次のような顚末があった。

共同体の「過疎の村を再生する」という目標は、弥栄にいるメンバーだけの目標ではない。共同体は、大阪にいる仲間や支援者でもある「百人委員会」という組織をもっていた。この時期の共同体内部のやり取りを、『俺たちの屋号はキョードータイ』をもとに紹介しよう。

一九七五年の三月、共同体の住まいは火の不始末から全焼した。この「火の不始末」をめぐって百人委員会と弥栄のメンバーで善後策を講じることになったが、その過程で百人委員会から、「弥栄（共同体）でも会社で使われている管理カード表を取り入れ、個々人の作業の役割分担をしてはどうか」（七八ページ）という提案が出された。それに対して弥栄側のメンバーは、「弥栄の農業の中に工業生産の管理システムをそのまま取り入れることは不可能なこと」（七八ページ）として受け入れなかったが、結局のところ、弥栄のメンバーが考える方法で管理することとなった。

そこで、野菜の直販の取り組みについて日々の記帳を行い、それを基にした原価計算をしたわけだが、その結果まったく採算にあわないことを思い知らされた。問題を把握してからの顚末はこれまでに紹介しているので省略するが、発端は火の不始末による住まいの消失であったのだ。ここにも「Aイコール・ノットA」がある。

ここで紹介した事例、読者のみなさんには詭弁と映るかもしれない。失敗や問題はいつでも起こるものだ。そのときにどのように考え、行動するかによって、その後の進む道が変わってくる。失敗や問題の発生をネガティブにとらえず、「俺にもチャンスがめぐってきた」とポジティブに考えることが大切となる。

話は違うが、「国の言う通りにやっていたら失敗する。反対のことをするのがよい」と、以前よく言われていたことを思い出した。決して違うことをすれば成功するということではなく、進む方向は人（国）に頼らず自分で考えて決めるということだろうが、成功するための「火種」が用意されているわけではない。それを見つけるだけの感性が必要となる。その感性を育むためには、常に問題意識をもって改善したいという強い意思が必要となる。

（3）機械に強くなろう

共同農場は味噌製造の加工場の建設にあたり、これまでの経験を生かして製造ラインの器具や機械について佐藤自らが青写真を描いて発注している。既製品を購入するよりかなり安く設置することができるというメリットのほか、新たな器具まで開発するなど労働量の軽減や効率の向上に努めてきた。開発した器具のどれもが特許申請できるのではないかと思えるほど独創的なものだが、その構造は意外とシンプルなものとなっている（九二ページの表を参照）。

佐藤は工業系の高校を卒業したわけでもなく、機械に関係した仕事に従事していたわけでもない。このことを佐藤に質問したとき、「もともと機械いじりが好きだったこと、それに笹目原という山奥に加工場があるため、機械が故障してもすぐには修理に来てもらえないから自然と機械に強くなった」と教えてくれた。

どういうわけか、石見地方で成功している農業経営者の多くは機械に強い。浜田市に隣接する益田市で、和牛の繁殖・肥育の一貫経営や酪農の会社を経営している松永牧場の松永和平代表（五八歳）も機械に強い。修理ができると言うよりも、「機械の改善が得意」のようだ。

たとえば、堆肥処理施設に関する装置で特許を取得している。これは、縦型スクリューオーガによる堆肥発酵装置（商品名：スクリュージェッター）で、堆肥の荷重を受けることから故障しやすい従来型の欠点を攪拌装置を吊り下げ方式に変更し、極力荷重の負荷がかからないように工夫している。「故障しても修理しやすいシンプルな構造に心掛けた」と筆者に語ってくれた松永も、工業系の学校を卒業したわけではないが、問題を解決するためのアイデアが素晴らしい。また、前掲した（二五五ページ）B経営体も機械に強かった。

稲作経営の農業者は自分でコンバインの点検や清掃のできる人が多く、そのような人にかぎって経営内容も非常によい。ちょっとした修理を業者に依存しているようでは、儲かるものも儲からないということであろう。

Iターン者が農業技術を早期に身に着けることは必須だが、忘れてはならないのが農業機械に関する知識と技能の取得である。これが意外にも疎かになっている場合が多いようだ。機械に強い人であれば農業経営において成功する確率はかなり高くなる。機械好きの人、ぜひ農業にチャレンジしてみてはいかがだろうか。

修理が簡単なスクリュージェッター

(4) こだわりをもとう

共同農場の味噌は「農家の味」を売りとしている。そして原料も、生産履歴のはっきりした有機農産物が原則となる。安いだけの味噌とは明らかに違うのだ。また、金時豆や煮豆にしても、昔ながらの味になるように高圧で、一般的な製造法より温度を下げて時間をかけて煮ている。このようなコンセプトのもと、これまで事業を拡大してきたわけである。

こだわるからこそ他の類似商品との差別化が可能となり、根強いファン(リピーター)をつかむことができ、販売競争にも勝ち残ることができるわけである。これは、生産規模が小さければ尚更となる。新規就農者は当然ながら生産量は少なく、競争に打ち勝つためにはなにがしかの特徴が必要となる。つまり、消費者の感性に響くこだわりを意識する必要がある。

隠岐の島に赴任したとき、建設業から農業参入した「有限会社隠岐潮風ファーム」(5)の取り組みに触れたことがある。和牛雌肥育で、当時の飼育頭数は二〇〇頭程度で毎月の出荷は一〇頭程度とごくわずかなものであった。このような規模であれば、県内にある食肉市場への出荷が通例となるが、潮風ファームは当初から東京芝浦市場をターゲットにしていた。一日当たり六〇〇頭が上場される芝浦市場のなかで、一か月に一日だけの出荷で、しかも一〇頭足らずの出荷では市場から相手にされるはずがないと考えるのが一般的である。しかし、潮風ファームは違っていた。

少ないからこそ特徴が出せると考え、「島生まれ島育ち『隠岐牛』」と名付けて出荷した。優れた肥育技術をもつ人を顧問に迎えたことで自信がつき、出荷する牛のほとんどが最高ランクのA5となった。

少ないからこそ逆に目立ったのだ。それに、離島からの出荷ということもニュース

(5)　二〇〇四年、隠岐郡海士町に本社がある総合建設業の株式会社飯古建設が農業参入して、和牛の繁殖・肥育の一環経営をはじめる。資本金は九八〇〇万円で、飼育規模は、繁殖牛一〇〇頭、肥育牛（雌牛）三〇〇頭、年間肥育牛出荷は一五〇頭程度である。二〇一一年度の、肉質を表す「A・B・五率」は四九パーセント（同年度全国平均：黒毛和種去勢牛一八・七パーセント、公益社団法人日本食肉格付協会）と抜群な肥育成績を誇っている。

肥育状態を観察する東京市場の関係者
（写真提供：島根県隠岐支庁農林局農政・普及部）

性を高めることにつながった。潮風ファームのこだわりは、「Ａ５率」八〇パーセント以上という技術を証明することになり、一躍東京市場でブランドとなって仲買人のなかで隠岐牛のファンを増大させた。これは、いささか特別な例かもしれない。しかし、こだわりこそがデメリットをメリットに転換させてくれる源泉となることはお分かりいただけるであろう。

ここで紹介した「就農成功への鍵」以外にも、筆者が気付かない方法がもちろんあるだろう。どこかに隠れているチャンスとともに、それをぜひ見つけて欲しいと思っている。それが、新たな「成功の鍵」となるはずである。

第7章

これからの共同農場

やさか共同農場の明日を担う若者達
（左から、佐藤大輔、竹岡篤志、杉山恒彦、高橋伸幸）

都市の若者が、農業を通じて「過疎の村の再生」を願って弥栄にやって来て四〇年。開墾からはじめた共同体の建設も、次第に横谷集落の人たちとの融和が進み、一緒に取り組んだ味噌づくりにおいては「授産のかまどに火が入る」と表現されるまでになり、過疎の村に新たな産業（火）が興された。

ゆっくりとした歩みではあったが、共同農場の活動が農業や田舎暮らしを考えている人たちの共感を呼び、県外の人たちまでもが共同農場に研修に来るようになり、一部ではあるが弥栄に残る人も出てきた。また、これら研修生の受け入れや消費者との交流などの取り組みが行政の施策にも反映され、地域をあげた取り組みにまで発展することとなった。

共同農場の味噌づくりや有機農産物の生産は、機械ではなく多くの人の手間を必要とする産業である。ということは、都市の消費者などから集めたお金を人件費という形に変えて弥栄に還元できるため、雇用をはじめとして教育や福祉、消費という形を通じて地域に分配できる仕組みをつくり上げたことになる。「農業を通じた過疎の村の再生」を、わずかながら実現しているとも言えるだろう。

この間、共同体から共同農場へ組織や活動のあり方を変え、一緒に活動してきた仲間がそれぞれ経営的に自立するという環境のなか、試練も味わってきた。危機に直面しても常にその答えを地域に求めた佐藤は、「地域の人と一緒に行動（協働）することで共同農場の明日がある」という考えをもち続けてきた。考えにブレがない、そのような人にこそ「仙人」が近づいてくるのだろう。

とはいえ、これで共同農場の目的が達成したわけではない。たしかに、共同農場は「過疎の村の再生」に向けて大きく前進したが、弥栄は依然として高齢化が進み、人口減少という暴風雨にさらされている。「授産のかまど」におきた火も、その歩みは道半ばでしかないのかもしれない。この「授産のかまど」を、これまで以上に大きな「かまど」にしていかなければならない。

そして、新しくつくった「授産のかまど」に入れる薪も、多くかつ質のよいものでなければならない。新たな薪、つまり次世代を担う人たちをいかにして育成していくかということである。幸い、共同農場や弥栄には、質のよい生木の薪が豊富に育っている。しかし、この生木は燃えにくいという性質をもっている。新たな薪（次世代を担う人材）と古い薪（これまでの人材）をうまく組み合わせて、火もちのよい「かまど」をつくること、そしてより大きな炎を燃え上がらせることが佐藤ら共同農場の課題である。

二〇一二年一一月、東京・明治神宮会館で開催された「第五一回農林水産祭式典」の農産部門で、共同農場は日本農林漁業振興会長賞を受賞した。その前夜、東京・日比谷公園内にあるレストランで、この受賞を「お祝いする会」が催されることになり佐藤が招かれた。会の目的は、共同農場や弥栄の発展に取り組んできた経緯を佐藤に語ってもらうというものであった。

当日、一九八五年から一九八八年まで農林水産省から島根県に出向し、農林水産部長を務められた高木賢氏（元食糧庁長官で、現在は弁護士）をはじめ、同じく農林水産部長を務められた伊藤元氏、菊地弘美氏、三浦正充光氏、石垣英司氏に加え、島根県（安来市）出身の實重重実氏（現農林水産省農村振興局長）の六名が参集した。

実のところ佐藤は、これらのメンバーとはあまり面識がなかった。また、広島県から弥栄に来て農業や地域の再生に取り組んできてため、弥栄には深い愛着をもっているものの島根県に対してはさほどの意識をもっていなかった。

しかし、三年間という短い期間にもかかわらず、島根の農業や農山村への想いを深くするこれらの方々が佐藤のために駆けつけ、ねぎらいと今後の取り組みに対する激励を耳にした佐藤は「島根県」を意識するようになり、島根県全域に対する愛着が一気に醸成されていった。つまり、これまでの「弥栄町」というフィールドから「島根県」というフィールドに飛躍していくことを誓った瞬間である。

こんな佐藤が、島根県という大きな「かまど」につくり直し、次世代の担い手という「新たな薪」を加えながら次にバトンタッチをするために必要とされる課題を思念し、その対策について構想を練っている。最終章となる本章において、それらを紹介していくことにする。

1　新たな「かまど」づくり

現在の共同農場は、弥栄町笹目原にある事務所（本社）と味噌づくりの工場をはじめとして、益田市の国営農地開発地や浜田市金城町にある農地など約三〇ヘクタール農地で大麦やそばなどの栽培を行っているが、今後の発展を考えると決して十分な「かまど」とは言えない。また、九州や四国地方の仲間と物流を協働していくことを考えると、弥栄は効率面から言っても拠点としてはよい所とは言えない。

ところで、共同農場が島根県農業振興公社から約二一ヘクタール借地している金城町の土地は、一九七五（昭和五〇）年ごろに全国初の畜産基地建設事業により開発された約七〇ヘクタールの採草地などであるが、粘土質を多く含む土壌であることや農地の傾斜がややきついところから大

益田国営農地開発地内での大麦栽培

豆や大麦の単位当たり収量は必ずしも高くなく、新たな薪（次世代を担う人材）を燃やす「かまど」（農地）としては、現状必ずしも妥当とは言えない。

佐藤は、新たなかまどでは、面的に広がりがあり、しかも生産性の高い農地のもとで有機農業による大豆や大麦の生産、ほうれんそうや小松菜などの施設栽培を考えている。また、九州地方などの生産者と協働するためにも、運送面における利便性の向上も考えて物流拠点の変更、再整備も検討している。さらに、新たなかまどでは、就農を希望する若者の技術習得を支援する研修機能をもち、研修を終えた人に対しては、本人の希望をふまえたうえ暖簾《のれん》分けするために必要とされる農地も確保するなど、有機農業を行う新たな仲間づくりを進めるという壮大な構想をもっている。

佐藤が抱いている構想をかなえるための新たなかまどづくりは、共同農場だけで実現できるものではなく、産業を興し、地域活性化のためにも島根県や浜田市などの関係機関の支援が必要である。生産基盤の整備や新たな担い手の確保は、農政においては喫緊の課題であるため、構想の早期実現を期待したいところである。

新たなかまどづくりを行うためには、当然のことながら多くの資金を必要とする。この資金を共同農場だけで調達することもかなり困難である。そこで佐藤は、現在、国が農商工連携のなかで進めている「六次化事業計画」の作成を進めており、国の承認を受けたあと、六次化ファンド

（株式会社農林漁業成長産業化支援機構のファンド）を活用して有機農業の流通に携わっている生協や販売会社、既存の仲間、そして新たに加わる仲間たちとともに事業協同組合を設立するという構想ももっており、新たなかまどをつくる準備を着々と進めている。

いずれにしろ、「新たなかまど」の全景は見えてきた。次は、新たな薪の調達である。以下で、その薪の手当について説明していこう。

2　新たな「薪」の調達

一九八九（平成元）年、共同体から共同農場として法人化した佐藤は、その後、畜産事業や八百屋「さいくる」をメンバーに分割・譲渡し、共同農場の常勤スタッフは佐藤隆と妻の佐藤富子の二人だけとなり、実質的な家族経営に移行していった。もちろん、これまで通り地域の人たちと同じ目線で取り組んできたことに代わりはない。しかし、四〇年にも及ぶ「古い薪」は乾燥しすぎており、火持ち（継続性）に多少なりとも不安を抱えている。

そこで佐藤は、大きなかまどに造り替えるのを契機に、共同農場のスタッフを増やしていくことにした。ただそのためには、「今現在いる二〇～三〇歳代の若いスタッフの意向や資質をふまえる必要があるので、しばらくの時間の猶予が欲しい」とも言っている。当然、共同農場自体の戦力の再構成も必要となる。共同農場だけでは「新たなかまど」に必要とされる多量の「薪」を確保することはできない。そのためにも、現在共同農場で働くメンバーだけでなく、共同農場から巣立っていった若い就農者などが必要となる。

第4章で紹介した高橋伸幸も、弥栄自治区の農業研修制度を活用して共同農場で研修を受けたあと、佐藤やビゴル門田の組合長である廣瀬康友の温かい支援を受けて門田集落でほうれんそうや小松菜などの葉物野菜の生産を行っている。三年目となる二〇一三年にはビニールハウス面積を三〇アールにまで広げる予定となっており、島根県に提出している経営計画の達成も見通しのつくところまで来た。

高橋が経営計画を達成できるということは、すなわち高橋が「新たなかまど」に入れるだけの「薪」として育ったということである。とはいえ、高橋の努力も共同農場と販売を協

高橋伸幸の夢をかなえるビニールハウス

働する仕組みのうえに成り立っていることを考えると、今後、周りの支援によって成長するだけではなく、協働のなかで自らがもつ役割を見いだし、自らが成長していくことが重要となる。地域の産業を興し、「新たなかまど」に入れる「薪」を育てるためには、「双方の経営体がそれぞれを尊重し、協働して育っていくことが必要だ」と佐藤は言う。

「新たなかまど」と「薪」の手当てに見通しが立ったとしても、すぐに安定した火力が生み出せるわけではない。新しい薪は生木のため、多く入れすぎるとうまく燃えない。「かまど」を上手に燃やすためには、「乾燥した薪」と「生木の薪」を混ぜて入れるのがコツらしい。乾燥した薪、言うまでもなくそれは佐藤夫婦であり、生木は後継者である佐藤大輔や若いスタッフたち、そして自営就農した若者となる。これらの人たちが一緒になって初めて、共同農場が目標としている「過疎の村の再生」を果たすことが可能となる。過去から未来へつなげていくこと、それが共同農場の課題である。

取材に行くたびに驚くのだが、佐藤が抱いている構想はこれだけではなかった。前述したように、佐藤の頭の中は弥栄町にとどまらず、島根県を越えて中国地方全域および西日本という広域に広がっている消費者の「食の安全や安心」にまで及んでいる。もちろん、その全域において有機農業に取り組む生産者との協働も考えている。以下で、その取り組みについて具体的に紹介していくことにする。

3 流通の統合などを目的とした「広域連携組織」の設立

共同農場の取引先であるパルシステムや生活クラブ生協も、各地域の組織が連合会をつくって全国の産地や農業者と対峙しようとしている。そうした動きのなかでは、当然ながら、取引先から産地側に対して物流経費の削減などといった要求がされてくるだろうと佐藤は考えている。このような状況をふまえると、一人農業者が巨大になる生協と安定的に取引していくことは難しくなる。そこで佐藤は、西日本で有機農業や環境保全に配慮した特別栽培農業に取り組んでいる生産者のグループ化を仲間たちと進めることにした。事実、二〇〇六（平成一八）年には、有限会社王隠堂農園(1)、農事組合法人無茶々園(2)、鳥越農園ネットワーク(3)、そして共同農場の四団体が発起人となって「広域連携生産者組織」を立ち上げている。

この組織では、共同出荷による物流の改善を図るほか、生産者の拡大や首都圏の生協と協働して農薬削減プロジェクトを実施したり、青年農業者と消費者との交流など、農村と都会の暮らしをつなぐといった幅広い活動を行っている。今後、こうした各地域の生産者が行う協働・連帯の輪をさらに広げることにより、共同農場の当初の目的でもある「過疎の村の再生」につなげたいと考えている。

4　地域ぐるみで有機農業の産地化を

佐藤が抱く未来構想は、どうやら日々進化をしているようだ。本書の編集者を交えての打ち合わせの席上、突然、佐藤が次のように話し出した。

「大きなまとまりのある有機農業の振興や発展を目指すには、有機農業を実践する一つ一つの経営体が点として存在しているのでは意味がない。共同農場だけが成功を収めてもダメだし、日本の有機農業の発展のためには、中国の農業生産に負けないような仕組みづくりが必要である。有機農業といえども、中国に負けない大規模な農業経営体を育成していくことを考えなければならない。そのためには、国の力あるいは国が主体的にかかわっていくことが必要だろう」

（1）梅、柿の生産と梅干の加工。代表者：王隠堂誠海。〒637－0037　奈良県五條市野原中四丁目五番三〇号　電話：0747－25－0135　http://nouyusha.seesaa.net/

（2）かんきつ類の生産とジュースなどの加工。代表取締役：大津清次。〒797－0113　愛媛県西予市明浜町狩浜三－一三四　電話：0894－65－1417　メールアドレス：ouindo@sweet.ocn.ne.jp

（3）無農薬・減農薬の野菜や米の生産と加工。代表：鳥越和廣。〒824－0432　福岡県田川郡赤村大字内田三九二　電話：0947－62－3349　メールアドレス：torigoefarm@gaea.ocn.ne.jp

このことは、「以前から考えていた」とも言う。Iターンで就農する人を個々に育てるだけでなく、地域というまとまりのなかで彼らを受け入れ、集団として育成し、有機農業の産地化までを考えてほしい、という願いから出た言葉である。

本章では、「共同農場のこれから」というテーマで佐藤の構想を紹介しているわけだが、ここでは、共同農場あるいは弥栄町という枠を越えて、面的に拡がりのある有機農業の産地づくりについて考えていきたい。つまり、まだ希少価値でしかない有機農業を、慣行栽培と言われるまでに育て上げる方策を見つけていきたいということだ。

そもそも、有機農業を志して就農をしようという場合、その農地はどうすれば確保できるのだろうか。有機農業専用の農地やエリアというものはどこにもなく、化学合成された農薬や肥料に頼る慣行栽培を行っている農地のなかから確保しているというのが実情である。そうした場合、慣行農業と有機農業が隣接することから、「農薬のドリフト」や「病害虫の発生」といった双方の利害が衝突するというリスクが高くなってしまうし、地域内で軋轢を生む原因ともなる。その軋轢が理由で、有機農業を実践する者は地域で孤立しやすくなり、仲間づくりにおいても難しくなってくる。

本来ならば、国・県・市といった行政団体が農地を買い、そこを有機農業の専用地としてエリア内の農家に貸し出せばいいのだが、現状の農業を取り巻く環境から考えると非常に難しい。有機農産物に対する消費者の要望が高まっているにもかかわらず、である。

それでは、共同農場のフィールドである弥栄町の様子はどうだろうか。有機農業は言うまでもなく、通常の慣行栽培に比べて化学合成した農薬の防除回数を半分以下に制限するなど環境に配慮した農業、いわゆる「エコロジー農産物の生産」を行っている農業者（エコファーマー）が販売農家全体の約五割を占めている。また、それらの農家も一つのグループとはいかないまでもそれぞれグループ化されており、研修や販売などの仲間づくりも行われている。

もちろん、本書においてこれまで述べてきたように、集落も有機農業などの生産方式を取り入れようとする若いIターン者を前向きに受け入れようともしている。そして、これらの若者が行う農業経営や生活を支援する制度も充実したものとなっている。弥栄町においては、佐藤が考えるものには及ばないにしても、大きなまとまりをもって、地域をあげて環境に配慮した農業振興が図られていると言えるだろう。佐藤の構想を実現させるためには、弥栄町で実践されている農業スタイルをモデルとし、それに基づいた農業プランを考え、それを全国に向けて発信していく必要がある。

第一の課題は、前述したように、有機農業をはじめとした環境に配慮した農業を行うエリアの設定とその実現（地域の合意形成）である。エリアの大きさは、地域の実情に応じて設定するのが望ましいが、弥栄町を参考にして言えば旧市町村単位あるいは中学校区という広さで考えたい。

弥栄町の場合、共同農場の取り組みによって影響を受けたこともあるが、有機農業の普及や浸透は、各農家の自主的な取り組みのなかからはじまっている。しかし、高齢化が進み、急速に担い手が減少している現状を鑑みれば時間的な猶予がないため、ここは市町村という行政の力やその取り組みに期待したいところである。つまり、市町村が地域の実情を踏まえ、有機農業をはじめとした環境に配慮した農業を行うエリアを設定し、そのエリア内の集落や住民に対して啓発活動を行い、合意を進めるように汗をかいていただきたいということである。

これは、県や国で行おうと思ってもできないことだろう。エリア内の住民の方々には、自ら環境に配慮した農業生産の方式に転換していただくとともに、Iターン者の受け入れと農業経営に必要な農地の提供や集積（農地の利用構想に基づく再配分など）においてご協力いただきたい。もし、これを成し遂げることができたら、「有機の里」として全国に名を轟かせることが可能となり、販売量が劇的に増えることになると思われる。

第二の課題は、エリア内に位置する農地の合理的な利用である。すぐにエリア内の農地すべてを有機農業に使うことは不可能であるため、慣行栽培との区別、つまり利用に即したゾーン設定が必要になる。また、必要に応じて農地の区画整理や農業用水の整備などといったインフラ整備も必要となる。とくに、「所有する農地」と「利用する農地」を区別し、これまでのように「所有する農地で自ら耕作を行う」という考えから、「農地の利用を中心にした利用計画」の作成を進めたい。もちろん、それに基づく生産基盤の整備も必要となる。

これらの仕組みをまとめるのは、直接住民に接している市町村ということになるが、それを効果的に行えるように国は、必要に応じて補助事業による支援や法制度の整備などを考えていただきたい。

第三の課題は、設定されたエリアでの担い手の確保と育成である。具体的には、新たな担い手の確保や施設整備、担い手に対する技術指導、そして彼らが生産した農産物の販売先の手当などである。これらは、Ｉターン者などが作成する経営計画を達成させるための支援にもなるので、市町村と県が協働してプランを練り、取り組むことが期待される。この点について、佐藤は次のようにも言っていた。

「若い人たちが期待をもてるように、積極的に行政に入っていけるような社会システムの構築が必要である。そのためにも、行政主導のもと『塾』のような教育機会を設け、技術指導などを行っていけばいいのではないだろうか。もちろん若い人たちにも、住んでいるエリアを意識して向上心を高めていく必要がある。地元の人たちと付き合うと批判されることも多いだろうが、自己反省をしたうえ、批判に慣れて強くなることも重要である」

私見だが、担い手の確保ということに関しては、全国の大学に設置されている農学部の学生に、これらの仕組みを案内していけばいいのではないだろうかと思っている。もちろん、農学部といってもさまざまなジャンルがあるわけだが、一八歳の段階で農業を目指している学生が少なからずいるわけである。そのような大学とインターシップ契約をすれば、産業としての農業を学生時代に教えることができるし、地域の宣伝も可能となる。これまでのような社会人を対象とした「就農フェア」だけでなく、大学を対象とした広報活動にも是非力を入れてほしいと願っている。

いずれにしろ、地域の住民（農家）と市町村や県、国などの行政が一体となって、設定されたエリア内で有機農業を行うための仕組みづくりができれば、「弥栄町モデル」として広く一般化させることも可能となる。とはいえ、ここで記したことは筆者の考えでしかないため、もちろん完全なものとは言えない。筆者が期待するところは、佐藤が抱いている構想の実現方法を関係者のみなさんで考えていただき、それぞれアイデアを出してほしいということである。そのアイデアの量こそが、佐藤の想いにこたえる近道となる。

5 やさか共同農場の後継者——佐藤大輔

佐藤が考える「これからの共同農場」は壮大である。それだけに、佐藤の考えを伝えただけでは共同農場の未来を十分に語ったことにはならない。また、「新しい薪」となる次世代の担い手の意向も尊重しなければならないため、未来の共同農場を担う筆頭候補である佐藤の息子、佐藤大輔を紹介して本書を終えることにしたい。

佐藤は、「必ずしも、息子である佐藤大輔に共同農場を継がせることを決めたわけではない」と言っている。手厳しい親父のもとで育った大輔、これまでにどのようなことを学び、現在何を考えているのかについて述べていくことにする。

佐藤大輔、一九八〇年生まれだから今年三三歳となる。一九八〇年ごろの共同体の状況を思い出してほしい。集落のおばあちゃんたちと味噌づくりをはじめたのが一九七七年、役場とともに「村づくりキャンプ」を開催したのが一九七九年で、「過疎の村の再生」に向けてわずか一歩を踏み出したところで、そのころの共同体の生活といえば、メンバー全員が「一つの家で一つの財布」というものであった。

そのころのことを大輔は、「親でもない、兄弟でもない人たちと衣食住をともにしていた」と言う。また、メンバーの実質的なリーダーであった父親について大輔は、「時には、ほかの意見も聞かず、自分の主張を押し通す鬼のように見えた」と述懐している。そして、子どものころについて、「父と年に一〇〇文字も話さないほど、ほとんど会話はしていない」とも言っていた。

弥栄の安城小学校を卒業したあと、中学校、高校に進学したわけだが、そこで待っていたのは寮生活であった。つまり、生まれてから高校を卒業するまで、ずーっと共同生活だったのだ。都会では考えられないことだが、同じ町内に所在する弥栄中学校ですら寮生活を余儀なくされた。もちろん、中学校のある杵束地区の生徒は通学が可能だが、安城地区に住む生徒の多くは寮生活となる。

このような地理的環境、お分かりになるだろうか。しかし、共同生活のスペシャリストである大輔にとっては、「楽しい中学、高校生活だった」。

県立益田産業高校（現・益田翔陽高校）を卒業後、東京農業大学の農学部に入学して初めて一人暮らしを経験した。大学四年生のとき、弥栄に帰ろうという気持ちはまったくなく、今で言うところの就活に励んでいたそうだ。もちろん、卒論の作成もそれを前提として準備をしていたと言う。しかし、そのような気持ちを一変させたのが、二〇〇三（平成一五）年二月一六日に放映されたＮＨＫの『食べ物新世紀　食の挑戦者』という全国放送の番組であった。番組では、「味噌作りで村を元気に〜島根県弥栄村〜」というタイトルのもと、自らのふるさとが紹介されていた。

大輔も母親から知らせを受けてテレビを見たそうだが、この段階ではとくに心を動かされたわけではなく、「大学の先生方からの質問攻めに嫌気がさした」とまで言っている。そうしたなか、卒論作成の指導を受け、敬愛していたバナナやアロエの研究で知られる天野《あまの》實《みのる》教授（一九六六〜二〇〇七）に呼び出され、「卒論のテーマを変更し、共同農場を中心に弥栄の未来についてのグランドデザインをまとめるように」という指導を受けた。どういうわけか、天野教授の指導には素直に耳を貸すことができたと言う。

母親である富子から必要な資料を送付してもらい、卒業論文をまとめるうちに、「共同農場が地域と一つになって原料の大豆などを加工して味噌をつくり、そして収入が確保されるという理想的な循環にこれからの日本の農業の姿や形がある」ことを感じ、弥栄に帰ることを決意するに至った。

天野教授の指導には敬服するばかりである。この話を聞くにつれ筆者は、弥栄に住む仙人は大学のキャンパスがある神奈川まで使いの者を差し向けたのかと思ってしまう。また、ＮＨＫの夕イミングのよい放送にも何かの縁を感じてしまう。

弥栄に戻った大輔は、「共同農場には若者がいるのに弥栄にはいない」ことをまず不思議に思った。そして、戻った早々、父親から「天狗になるな。世襲できると思うな。学歴は関係ない、忘れろ。現場で学べ」と釘を刺された。そのとき、「最初はこんにゃくになれ！」とも言われたそうだが、その真意は、しばらくの間はどんなことも受け止めろ、反発するな、相手にあわせろ、ということではないだろうかと筆者は思っている。いかにも佐藤らしい表現である。大輔と同年代の若者が多く働いている共同農場において、うまく溶け込む知恵を授けたのかもしれない。

大輔が見る佐藤隆像は「グイグイと人を引っ張っていく、異端でカリスマ的な感じ」というものので、「三〇歳から四〇歳の者には見られない個性だ」と言う。大輔と同世代の若者は、お互いスタンダードが好きで、それから離れる者に対しては排除する傾向があるらしい。また、自己主張したがるが一方で、うわべの協調性に関してはもちあわせている世代だともいう。このような世代が今後の共同農場を担っていくわけだが、大輔には大輔なりの同世代をまとめる考えがあると言う。

大輔は、佐藤から仕事の改善の指示を受け、職員にその旨を伝え、実行に移すという立場にあるわけだが、同世代のスタッフには佐藤の指示を直接的な表現では伝えないそうだ。仮に伝えても、現場からの反発が見え、混乱することが心配されるからだ。大輔なりに指示を咀嚼《そしゃく》して伝え、スタッフらと一緒に改善策を検討して実践に移しているようだが、結果から判断すると、「佐藤の指示の多くが的確だと分かる」と言っている。

佐藤からは「代表を奪ってみろ」とよく言われているようだが、「自分一人で奪う自信はない。同世代のみんなで奪いに行きたい」と考えている。今、共同農場には大輔と同世代のスタッフが多くおり、共同農場で研修して弥栄で就農した仲間もいる。また、共同農場とは別のグループである「いわみ地方有機野菜の会」に所属する若い就農者もいる。そうした若い人たちが一つになり、これからの弥栄の農業を組み立てていきたいという夢をもっている。また、共同農場の枠から出て、「いわみ地方有機野菜の会」の定例会にもオブザーバー的に参加しているなど、地域の農業者と協働、連帯する取り組みも考えている。

どうやら、佐藤がつくる「新たなかまど」に入れるべき「新しい薪」は育ってきているようだ。新しい薪たちは、これから多くの挫折を味わうことにもなるだろうが、おそらく仙人の使いが発するシグナルを確実に受け止め、さらに上のステージに上がっていくための糧《かて》とするだろう。若くて新しい薪が豊富にあるかぎり、弥栄に住む仙人に休日は訪ずれないのかもしれない。

豊かな「天空の農村弥栄《やさか》」、それが実現する日が近いと確信する。

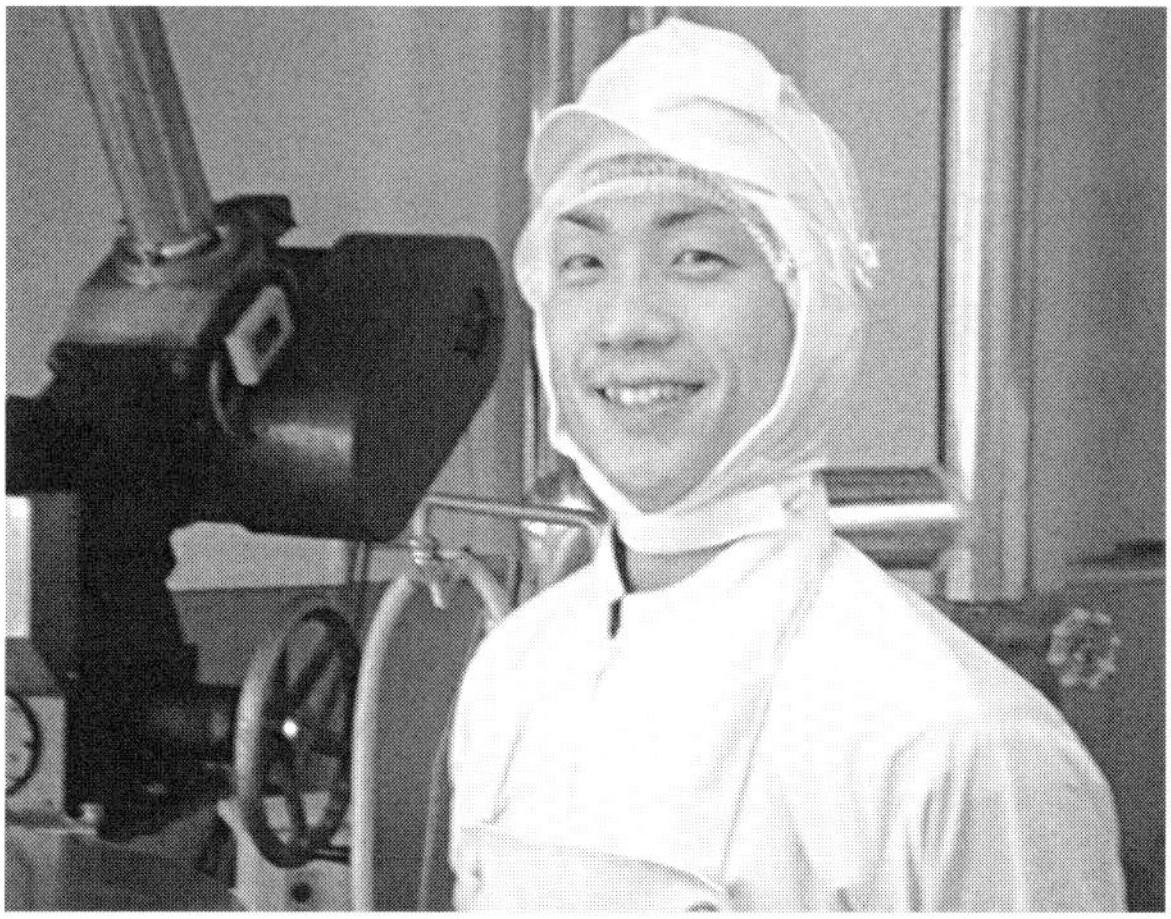

明日の共同農場を担う佐藤大輔

あとがき――やさか共同農場が抱く構想

やさか共同農場 代表取締役
佐藤 隆

新規就農を志す人たちのなかには、有機農業に関心をもって実践したいと考える人が大勢いるだろう。これは、農業でお金儲けをすることよりも、都会や町で生活するなかで安全な食べ物をつくることの大切さに気付いて、就農を志す人が増えているということでもある。

また、都市近郊の農地が市民農園として貸し出され、自家菜園や農業体験が盛んに行われ出した。自ら汗を流して食べ物をつくろうとしている世の中の動向を、私たち農村に住む生産者はもっと真摯《しんし》に受け止め、都会の人たちをしっかりと受け入れていく必要があるのではないかと思う。

本書の取材に応じていただいた流通・販売事業者の方々が取り組まれている生産者と消費者の信頼関係を築くための活動と歴史は、豊かな農村を、そして農業を守っていくためには大変重要なことであり、心強い農村と都会のパイプ役となっている。農産物を買ってもらうお得意様、お客様の関係だけでこれらの方々とかかわるのではなく、つくる人、届ける人、活用する人、それぞれが対等な関係のもとで農村と都会の暮らしを豊かにしていくことが今後は大切となる。

新規就農を志している方には、頭の中だけで理解するのではなく、配送車に同乗して自分たちがつくった農産物がどのようにして消費者に届けられているのかを見て、その現場において自らの想いを伝えるということをやってもらいたい。そうすれば、農産物の品質が、出荷するときではなく消費者に届いて箱が開けられたときに評価されるということが分かるだろう。

毎年、やさか共同農場で受け入れている農業研修生に、まず私は次のような話をすることにしている。

「みなさんは、有機農業とは、農薬や化学肥料を使わないで、安全な食べ物をつくる正しくてよい農業だと思っているかもしれない。でも、そのことは有機農業の手段であって、目的はもっとほかにあります。どんな生き物も、私たちに食べてもらうために生きているわけではありません。だから、正しくてよい農業などは存在しないのです。森や水や土や海などの自然環境のなかに生き物は存在していて、私たちから見ると自然環境そのものと言えます。だから、人間も同じように自然環境そのものにならなければなりません。食物連鎖も自然環境の一つの現象と受け止めて、自然環境をつくる農業が有機農業ということです。そして、私たちの暮らしや社会を豊かなものにしていくためにも、都会の人たちとともに取り組むこと、それが有機農業だと思います」

これは、有機農業に尽力された先人たちから私が教わってきたことである。そして今、この精神を次世代に受け継いでもらうこと、それが私の使命ではないかと思っている。

第7章では、これからの共同農場の課題や展望を取り上げたわけだが、よくあるように、時代の流れにあわせての「凧揚げのように風を読む」といった他力本願的なものと受け止められた読者もいるかもしれない。たしかに私たちは、個人も組織もそれぞれ得意分野をもっているが、何か事を成し遂げるうえにおいては「不完全で力量不足」であることを自覚している。それがゆえに、「協働できる」と考えている。

「協働」の最たる例、一番身近なところで言えば「祭り」であろう。事実、農芸学校の命名者でもある小松光一先生から学んだことの一つに、「地域振興に不可欠な祭りを仕掛ける」ということがある。

私が旧弥栄村に入植して初めて見た祭りは、伝統芸能である石見神楽が奉納される集落の秋祭りだった。豊作を祝う儀式のあとに奉納される石見神楽。大きな鬼の面をかぶり、太鼓の激しい音が鳴り響くなかで神と鬼が戦うという舞が夜明けまで続いた。まるで神話の世界に入ってしまったかのような感覚がしたことを今でも覚えている。現在でも、この神楽を舞うために都会に出ていた若者が地元に戻ってくるというのだから、神楽に秘められた魅力は地域再生の原動力の一つと言えるだろう。

客席から神楽を観賞するだけではなく、演目の一つである「恵比須《えびす》」を商工会青年部の出し物として舞ったこともある。恵比須とは、出雲大社の祭神「大国主命《おおくにぬしのみこと》」の息子で、七福神のメンバーである。争いごとを避ける穏やかな性格で、人々に漁を教えたことから水産や商売の神様として崇められている。神楽では、漁の撒き餌をまねて恵比寿が飴を客席にばらまくので、子どもたちには大変人気のある神様となっている。

その場面が近づくと、客席が妙にざわめきはじめる。そして、舞台前に子どもたちが集まってきて、ばらまかれる飴を取ろうと待ち構える。しかし、この子どもたち、ただ飴をもらうだけではなくちゃんと「役目」がある。魚の代わりに釣針にひっかかり、それをすぐに離さないで恵比寿様と釣糸を引っ張り合うのだ。この演目の最大の見せ場、つまりクライマックスシーンを演者とともに子どもたちが演じているのだ。

お分かりだろうか。幼い子どもたちが自然と協働しているのである。幼いころからこのような空間を体験している子どもたち、小学生になるころにはみんな太鼓を叩いて神楽のお囃子が奏でるようになるし、ごく普通に舞ってもしまう。誰が教えたわけでもなく、自らが観、参加することで演出者としての役割も果たしているのだ。

こんな子どもたちに、大人が負けるわけにはいかない。集落ごとに行ってきた氏神様の例大祭などをはじめとして、弥栄村の時代からさまざまな祭りを大人たちは企画し開催してきた。お盆のシーズンには、帰省客や市民との交流を目的とした「弥栄ふるさとまつり」が、そして一一月には農産物の収穫を祝うとともに地域産業の振興を図ることを目的として「弥栄産業まつり」が開催されている。

「弥栄産業まつり」では、町内二七集落のうち二〇集落が屋台やテントを組んで農産物や加工品の販売を行っている。もちろん、共同農場も横谷集落の一員として参加しており、夏大根やトウモロコシ、ヤマメなどを販売している。言ってみれば「青空市」のようなものであるが、この「弥栄産業まつり」には人口の三倍以上となる五〇〇〇人もの人が集まり、想像を絶するほどの賑わいを見せている。

これら以外にも、笹目原にある「弥栄ふるさと体験村」では「ふるさと体験村春まつり」(主催・ふるさと振興公社)が五月に開かれており、ここでも集落からの出店や地

弥栄町内外の住民が集う産業まつり（写真提供：浜田市役所弥栄支所産業課）

元社中による石見神楽の上演などが行われている。そして、一一月には「よばれん祭」がある。「よばれんさい」とは、「料理を召し上がってください」という意味で、地元の食材を炭焼きや落葉炊で味わいながら、山の役割や循環型の郷づくりについて考える祭りとなっている。

最近はじまったものとしては、旧弥栄村が浜田市に合併したことを契機に、二〇〇七年から「どぶろくの里 弥栄神楽まつり」（毎年一二月）がある。二〇〇五（平成一七）年、弥栄町は「どぶろく特区」の認定を受けた。そして現在、町内の民宿やふるさと振興公社でどぶろくの製造が行われている。そのどぶろくをメインに据え、「弥栄町民が集まり、どぶろくを飲みながら石見神楽を見る」という祭りであるが、これは、かつて酒を飲みながら神楽を見たという風景の復活を考えてのことである。

共同農場としては、さらにこれを発展させてみるか、という夢を抱いている。前述した「地域振興に不可欠な祭りを仕掛ける」ための「醸造の里構想」であり、その一つとして「仕込み祭り」の開催をもくろんでいる。

一月から二月の雪の中で、町内だけでなく都会の消費者にも参加を呼び掛けて三泊四日ぐらいの時間をかけて開催する。仕込むのは、もちろん味噌とどぶろくで、米を蒸して発酵させるところからすべて手づくりで行うという体力勝負の祭りとする。そして夜は、疲れた身体を癒すことを目的として、どぶろくを飲みながら神楽を観賞するのだ。

雪景色のなか焚かれるかがり火、参道とも思えるような道を参加者たちが歩いてくる。夕食後のせいだろうか、寒さの割には顔が少しほてっているようだ。会場に着くと、まず目にするのがどぶろく。湯飲みにそれを注いで、それぞれ好きなところに陣取る。客席がほぼ埋まった瞬間、お囃子の太鼓が連打される。幻想的な道を歩いてきた観客たちは、舞台上で演じられる神話の世界に酔う。「これが弥栄の冬だ!」という祭り、何としても開催できればと思っている。

このような祭りを実現させるだけのスタッフが弥栄にはまちがいなく存在している。本書で紹介してきたように、若い人たちが弥栄に入り、地元の若者たちとともに頑張っているのだ。読者のみなさん、祭り開催の折にはぜひ足を運んでいただきたい。食べるだけではなく、「仕込む」、「観る」という体験を通して弥栄を知る。そして、体験されるであろう感動をふまえて農業の生産地を考えていただければ幸いである。

本書を刊行するにあたって、多くの方々にお世話になりました。全国農業コンクールのグランプリという晴れがましい賞を「やさか共同農場」が受賞したことが切っ掛けで、島根県知事の溝口善兵衛氏のご発案によって本づくりがはじまりました。溝口知事のお声掛けがなければ、本書が世に出ることはなかったでしょう。厚く御礼申し上げます。

また、知事のご意向などを仲介していただきました島根県農林水産部農業経営課の曽田謙一郎さん、平成二五年度よりその後任を務めていらっしゃる中村純一さん、カバーのイラストを描いていただきました県職員の板垣健さん、同じく写真をご提供いただきました弥栄支所産業課のみなさま、そして本という形に仕上げていただいた株式会社新評論の武市一幸さん、この場をお借りして御礼を申し上げます。

とくに、執筆を担当していただきました県職員の桃木信博さんには、「感謝」という一言ではとても礼を尽くすことができません。取材とはいえ、弥栄まで足を運ばれた回数は、この間だけで一〇〇回を超えていると思います。そして、わが共同農場だけでなく、弥栄に住まいする農業者をはじめとして、医療、教育の現場まで飛び回っていただきました。もし、「島根県浜田市弥栄町」が全国的に知られるようになったら、それは桃木さんのおかげだと思います。本当にありがとうございました。

最後になりますが、本書にご登場いただいたみなさまに、心より御礼を申し上げます。仙人のお使い役を果たしていただいた方、販売・流通業者のみなさん、そして長年にわたって弥栄町に住んでいらっしゃる住民のみなさま、これからもよろしくお願いいたします。

二〇一三年 六月

西暦・和暦	月	活　動　内　容
2010・H22	3	**「金城元谷ほ場、一部牧草地再生14ha」**条件不利地にイタリアン播種、牧草回収計画
		「有機タカノツメ・加工用トマトの育苗：石橋農園」・タカノツメ3万本・加工用トマト5千本
		「(有)はんだと栽培提携」江津市桜江町の反田氏、有機大豆・大麦・米・ごぼうの契約栽培
	4	「弥栄町研修制度」10期研修生　2名。・4／10頃に降雪
		「益田市高津町開パイほ場：試作栽培開始4ha」有機JAS認定、大豆、大麦の輪作開始
	10	**「アグリ支援事業で、新味噌製造所　完成」**11月上旬試運転・中旬より本稼働
11・H23	4	「弥栄町研修制度」10期研修生　1名。・「浜田市研修制度」4期研修生　1名
		「益田市高津町開パイほ場：10ha」6年契約で、大豆・大麦・加工トマト・タカノツメの4品目の栽培体系がスタートする。(加工用トマトに青枯れ病)・4／3頃に降雪
	9	**「総菜加工場・味噌充填施設の改装」**島根県有機の郷事業を活用
	12	**「木都賀：原料庫解体し、建て替え　完成」**島根県有機の郷事業を活用
12・H24		

西暦・和暦	月	活　動　内　容
	10	「**浜田市弥栄町に合併**：10／1」弥栄・金城・旭・三隅の4町村と浜田市が合併。
	11	「味噌充填・出荷・総菜加工場」の建設着工。甘酒・煮豆・ボイル野菜等の総菜加工開始
06・H18	2	「森の里生産組合：**野菜部会を休止**」野菜農家の高齢化により、最後の7名が退会。 少量他品目・有機野菜の集荷、出荷が縮小され、農場が個別農家に対応する。
	4	「弥栄町研修制度」6期研修生　2名。
	6	「**味噌充填・出荷・総菜加工場**」が完成。甘酒・煮豆・ボイル野菜等の総菜加工が本格化 「**島根県産契約大豆60トン／30ha**」いわみ中央農協と受託組織（農場・ビゴル門田）協同
07・H19	4	「弥栄町研修制度」7期研修生　2名。
	5	「**広島県世羅町大谷開パイ3ha**」川尻氏借用し、通勤で無農薬大豆・大麦の生産開始
	9	「森の里生産組合：**いわみ中央農協と米調製・検査・保管・出荷の委託契約成立**」（組合が生産した、有機・無農薬・減農薬米をJAが集荷・保管、仮渡金をJA払い・出荷時に、農場がJAと組合員に精算する委託契約とフローが成立。）
08・H20	4	「弥栄町研修制度」8期研修生　2名。・「**(株)世羅協同農場　設立**」関西・広島のよつ葉グループと共同出資して成立。川尻3ha・林0.5ha・福永3.5ha・計7ha 代表2年常駐、大豆と大麦・小麦輪作、加工用トマト、野菜類、牧草の6品目栽培を開始
	11	「菌床椎茸栽培を休止中加工施設で試作」竹田秀雄が職員で、1年間の試験栽培を開始
09・H21	2	「**生き活き農産**」よつ葉の出資で、福山市松永町にセンターを成立。宅配事業を開始。
	4	「弥栄町研修制度」9期研修生　2名。・「**産直生産グループ10名**」を募り、他品目少量生産の野菜、生き活き産直向けに集出荷を開始する。
	6	「広域連携アグリビジネスモデル支援事業」味噌製造所に新築と設備投資が事業採択

西暦・和暦	月	活 動 内 容
2000・H12	3	「**農芸学校から研修事業**に特化」研修生として、10名を受け入れる。
		「グループ・チーム制の導入」人材育成に取り組む事業体制がスタートする。
	9	「有機農業研究会島根大会」が木次町で開催され、運営参加する。
01・H13	4	「**NPO法人ふるさと弥栄ネットワーク**」が設立。青年セミナーが中心になり、役員参加。
		「**有機農産物のJAS認定**」を取得し、22農家・2法人の穀類・野菜の生産がスタートする。
		「**弥栄村研修制度**」が開始。1期研修生、2名を受け入れる。(大内・高田)
02・H14	4	「**新規就農者 2名**」が自立農家としてスタートする。(やさか鶏園・椎茸農園)
	9	「**農林水産物加工施設**」が長安地区に完成。振興公社の事業主体で、豆腐・カレー・湧水・味噌包装の4部門の製造を開始。
	10	「**有機加工品のJAS認定**」を取得。味噌製造所とトマトジュース加工場と公社加工場
03・H15	2	「食べ物新世紀」NHK番組で、農場と森の里生産組合の活動を紹介。
		「**味噌原料の地域自給体制が確立**」森の里組合の米・集落営農の大豆・直営の大麦の生産拡大により、地域自給体制が確立。
	4	「弥栄村研修制度」3期研修生、2名。
04・H16	4	「弥栄村研修制度」4期研修生、3名。「**ハウス増設：下垰**」19.2a／5棟完成
	6	集落営農の**有機栽培大豆が中止**され、特別栽培エコ大豆に特化される。
	11	「**農林水産物加工施設の製造中止**」役場・議会の決定、農場が撤退、公社で再建
2005・H17	4	「弥栄村研修制度」5期研修生 1名。「ハウス増設：三浦41.6a／10棟完成
		「**施設野菜組合の設立**」農場・串崎昭徳・那賀農産の3組織で結成。経構改善事業
	6	「**金城元谷ほ場 20ha**」元牧草地の開墾・有機認定圃場として、大豆、大麦の輪作開始

西暦・和暦	月	活　動　内　容
	2	「**DEVANDA 展**」大地を守る会主催の第一次産業の活性化運動に参加する。
	3	**原木椎茸栽培の拡大**：椎茸原木5,000本規模の植菌・増産を開始する。
	5	「**水稲　不耕起・合鴨栽培**」の実践を開始
95・H 7	1	**阪神淡路大震災**（1／17）が発生。「**天日干し椎茸**」の生産体制が確立する。
	2	「**松枯れと空中散布**」横谷集落の常会で話し合い。空中散布中止と伐倒駆除に決定
	3	大豆播種機・大豆定植機・みのる式田植え機を購入
	5	味噌製造米・麦蒸し用の二重蒸気槽の購入・ボイラーの更新
	10	大豆・そば収穫用の汎用コンバインを購入
96・H 8	1	「**タイ有機農業交流ツアー**」に参加。タイ東北部（イサーン）の子供会活動と交流
	2	「**反アパルトヘイト**」NPO メンバー、南アフリカ、ジンバブエ出身3名と交流
	3	「**第1回弥栄村農芸学校**」がスタート。参加者23名
	6	門田生産組合と協同して、**4 ha の転作大豆**栽培を開始する。
97・H 9	3	「森の里工房生産組合」を結成。有機栽培の野菜・米生産者21名が参加
	5	門田生産組合と協同した有機栽培大豆の作付面積が6 ha に拡大。
	8	宅配会社「**BYC**」が設立。広島県六日市市にセンターを開設、宅配と店舗事業を開始
	9	「**醸造の里構想**」青年セミナーと協同して、水田の多面的活用構想を提起する。
98・H10	5	「**集団転作大豆協議会**」の発足。5集落の生産組合・役場・JA が参加して、23ha で実施
	9	「**やさか豆腐製造**」JA 加工施設内に設置し、弥栄振興公社の事業としてスタートする。
	11	「**第1回秋祭りツアー**」都会の消費者に呼びかけ、関東・京阪神・広島より51名が参加
99・H11		JA 加工施設内での、豆腐製造が本格化する。

西暦・和暦	月	活　動　内　容
	10	パソコン導入。財務と販売管理システムがスタート
88・S63	2	「**やさかだより**」を月刊発行にする。消費者向けの新聞として、生産現場の情報を編集「地域性を活かした有畜農業と有機流通をやろう」目標に位置づける。
89・H1	9	農業生産法人「**有限会社　やさか共同農場**」の設立
		「**俺たちの屋号はキョードータイ**」を出版。弥栄之郷
	10	共同体18年の歩みを記録する。
		法人の事業体制：味噌・牛・豚・椎茸・畑作・水稲の
	11	６部門がスタート
1990・H2	3	「**養豚の堆肥舎**」完成。集落営農制度事業を取り入れ、鉄骨平屋150㎡を建設。
	4	チェルノブイリ原発事故の発生により、**干椎茸の放射能測定**を実施
	6	「**味噌の原料保管庫**」と「**味噌包装・冷蔵出荷場**」の２施設が完成
		八百屋「**サイクル**」広島県五日市市に開設。アンテナショップ：弥栄の農産物・加工品販売
	11	「**事務所１Ｆ・宿舎２Ｆ**」の木造施設完成。
91・H3	1	**特別栽培米**を農場グループで栽培、籾保管し、消費者グループに出荷開始
	2	「**手作り味噌講習会**」関西を中心に活発化。12か所で開催
	5	「**暮らしの探検隊**」でTV放送。春のコミューン学校
	6	「**味噌の熟成・貯蔵庫**」完成。島根県制度事業を活用
92・H4	4	「**第４回大地を守る会西日本ブロック会議**」弥栄体験村で開催。４月に初めて降雪
	5	「**再生紙マルチ栽培・水稲**」を実用化する。鳥取大、津野教授の指導（紙マルチの手張り）
	10	**大阪連絡所を閉鎖**する。
93・H5	1	アンテナショップ「**さいくる**」・「**伊東畜産**」・「**弥栄養豚**」・「**食肉加工まーの**」が自立経営。味噌１ｔタンクによる貯蔵体制が完成。
	7	「**平成の大凶作**」が発生。冷夏、日照不足により米・大豆・麦などの穀類が大凶作になる。
	10	「**味噌　浄化槽**」が完成　島根県制度事業を活用
1994・H6		地元の**青年セミナーとの交流**が活発化する。

年表・有限会社やさか共同農場のあゆみ

記号：（S）昭和・（H）平成

西暦・和暦	月	活　動　内　容
1972・S47	7	メンバー4人で**旧弥栄村に入村**。休耕田の開墾や廃屋の改修を始める。
73・S48		「**ワークキャンプ**」春・夏2回開催し、メンバーが12名。広島へ
		「**野菜産直**」を開始する。
75・S50	3	火事で家屋・納屋が焼失。「**農場再建キャンプ**」を実施
77・S52		「**味噌作り**」村のおばさん達と始まる。
		黒毛和種2頭を広島県より導入「**畜産開始**」
78・S53		「**日本短角牛**」岩手県より2頭導入、「**畜産開始**」
79・S54	3	村役場・地元集落と一緒に「**村づくりキャンプ**」を開催
1981・S56	5	販売促進の拠点として、「**大阪連絡所**」を開設。笹目原地区の6ha基盤整備を開始
82・S57	3	「**村の暮らしを体験しよう**」の新聞掲載により、**体験キャンプ**に393名が参加
	4	笹目原地区に、「笹目原生産組合」を結成、同時に後継者育成の制度事業「**体験農園**」施設野菜（ホーレン草等）・露地（スィートコーン等）・水稲・牧草・繁殖牛(味噌：43t・売上1,800万円)
	7	「**養豚開始**」岡山県芳井町（研修先）より母豚5頭・雄豚1頭を導入
83・S58	7	「**58水害**」発生、旧弥栄村全域が約1週間、陸の孤島と化す。
85・S60	3	「**味噌製造所**」完成、消費者グループより融資を受ける。
		「**原木椎茸栽培**」本格始動。原木4,000本を植菌し、ホダ場を造成する。
	7	「**コミューン学校**」の開校。1年研修企画を取り入れる。研修生3名が入学
86・S61	7	「**こどもコミューン学校**」開始。大阪消費者グループの子供達、約20名が参加
		「**もうひとつの就職説明会**」大阪で共同開催

執筆者紹介

佐藤　隆（さとう・たかし）

1954年、広島県尾道市に生まれる。1973年、広島県立尾道北高等学校を卒業後、旧弥栄村で「過疎の村を再生」を目指して農業に取り組んでいた弥栄乃郷共同体に参画する。1989年に「有限会社やさか共同農場」として法人化、代表取締役を務める。

現在は約30ヘクタールの農地で有機栽培による米や大豆、大麦、野菜の栽培のほか原木栽培椎茸生産や手造り味噌、トマトジュース、甘酒など農産加工品の製造販売を手掛ける。

また、地域活性化を目指して村内の有機野菜農家21戸が参加した「森の里工房生産組合」の結成や村内5集落の生産組合が参加した「転作大豆協議会」にかかわるとともに、農業研修生を受け入れるなど次世代の若い農業後継者の育成にも力を注いでいる。

桃木信博（もものき・のぶひろ）

1976年、宇都宮大学農学部畜産学科を卒業、同年、島根県庁に採用される。安来農林改良普及所を皮切りに、県内各地域の事務所などに勤務し、農業改良普及事業や行政事務などを通じて産地づくりや地域づくりの支援を行う。

第61回全国農業コンクールでグランプリ（農林水産大臣賞）を獲得した「やさか共同農場」をはじめ優れた農業経営体や地域営農集団を顕彰する表彰事業への調書作成の支援を行い、表彰事業への参加を通じて経営体などと農業普及のコミュニケーションの増進に努める。

現在、石見地域を管轄する西部農林振興センターに勤務し、農政部長として農業の振興に携わっている。

編者紹介

有限会社　やさか共同農場

代表取締役　佐藤　隆

住所　〒697-1212　島根県浜田市弥栄町三里ハ88番地

TEL：0855-48-2510　FAX：0855-48-2066

http//fish.miracle.ne.jp/sennin-g/yasaka

やさか仙人物語

—地域・人と協働して歩んだ「やさか共同農場」の40年—

2013年7月25日　初版第1刷発行

編著者　佐藤　隆
桃木信博

発行者　武市一幸

発行所　株式会社　新評論

〒169-0051
東京都新宿区西早稲田3-16-28
http://www.shinhyoron.co.jp

電話 03(3202)7391
FAX 03(3202)5832
振替・00160-1-113487

落丁・乱丁はお取り替えします。
定価はカバーに表示してあります。

印刷　フォレスト
製本　中永製本所
装丁　山田英春
写真　やさか共同農場
島根県西部農林振興センター
（但し書きのあるものは除く）

Printed in Japan
ISBN978-4-7948-0946-9

好評既刊　〈農業と地域〉を考える本

関 満博・松永桂子 編

農産物直売所／それは地域との「出会いの場」

農村女性の「思い」の結晶・直売所の取り組みに農業の未来を読む。

[四六並製　246頁　2625円　ISBN978-4-7948-0828-8]

関 満博・松永桂子 編

「農」と「食」の女性企業

農山村の「小さな加工」

「農と食」を通じて自立へ向かう農村女性たちの豊かな営みに学ぶ。

[四六並製　240頁　2625円　ISBN978-4-7948-0856-1]

関 満博

「農」と「食」の農商工連携

中山間地域の先端モデル・岩手県の現場から

独自の産業化策で成熟に向かう岩手県の先進的取り組みを詳説。

[A5上製　296頁　3675円　ISBN978-4-7948-0818-9]

関 満博・松永桂子 編

「村」の集落ビジネス

中山間地域の「自立」と「産業化」

条件不利集落の資源活用法と「反発のエネルギー」に示唆を得る。

[四六並製　218頁　2625円　ISBN978-4-7948-0842-4]

関 満博・酒本 宏 編

道の駅／地域産業振興と交流の拠点

地域への「入口」として存在感を高める「道の駅」の可能性を探る。

[四六並製　260頁　2625円　ISBN978-4-7948-0873-8]

＊表示価格はすべて消費税（5%）込みの定価です。

好評既刊　〈農業と地域〉を考える本

松岡憲司 編

地域産業とネットワーク

京都府北部を中心として　【龍谷大学社会科学研究所叢書 第85巻】

情報通信網から人的交流まで，「ネットワーク」を軸に地域産業を考察。
[A5上製 280頁 2940円 ISBN978-4-7948-0832-5]

関 満博 著

東日本大震災と地域産業復興 Ⅰ

2011.3.11～10.1　人びとの「現場」から

深い被災の中から立ち上がろうとする人びとの声に耳を澄ます。
[A5上製 296頁 2940円 ISBN978-4-7948-0887-5]

関 満博 著

東日本大震災と地域産業復興 Ⅱ

2011.10.1～2012. 8.31　立ち上がる「まち」の現場から

復旧・復興の第二段階へと進む被災地との対話と協働のために。
[A5上製 368頁 3990円 ISBN978-4-7948-0918-6]

関 満博 編

震災復興と地域産業 1

東日本大震災の「現場」から立ち上がる

地域産業・中小企業の再興に焦点を当て，復旧・復興の課題を探る。
[四六並製 244頁 2100円 ISBN978-4-7948-0895-0]

関 満博 編

震災復興と地域産業 2

産業創造に向かう「釜石モデル」

人口減少・復興の重い課題を希望の力に変える多彩な取り組み。
[四六並製 264頁 2625円 ISBN978-4-7948-0932-2]

＊表示価格はすべて消費税（5%）込みの定価です。